ニッポンの肉食

マタギから食肉処理施設まで

田中康弘 Yasuhiro Tanaka

★――ちくまプリマー新書
289

目次 ＊ Contents

イラスト　植木ななせ

はじめに　日本人の生活と肉

皆さんはまったく肉を食べない日がありますか？
今は家庭の食卓以外でもコンビニやファストフード店などで様々に調理された肉を食べる機会が多いと思います。インスタント食品やカップ麺にも何の肉かは定かではありませんが、それらしき物体は入っているのです。ことさらに意識しなくても自然に多くの肉を食べているのが現代の食生活といえるでしょう。

私は長年にわたりフリーのカメラマンとして日本国内の食文化を取材してきました。特に狩猟で得られる獣肉については西表島から礼文島にいたる各地域を丹念に取材して回っています。中でも最も影響を受けたのは北東北地方、特に秋田県山間部のマタギたちでした。マタギとはクマやウサギなどの動物を昔から狩ってきた人たちです。彼らと一緒に厳しい山を歩き辛い思いをしながら、なぜ人は肉を求めるのかということを考え続けました。獲物を追うことが肉とは何かを探求することへとつながったのです。

日本国内の肉類消費の推移

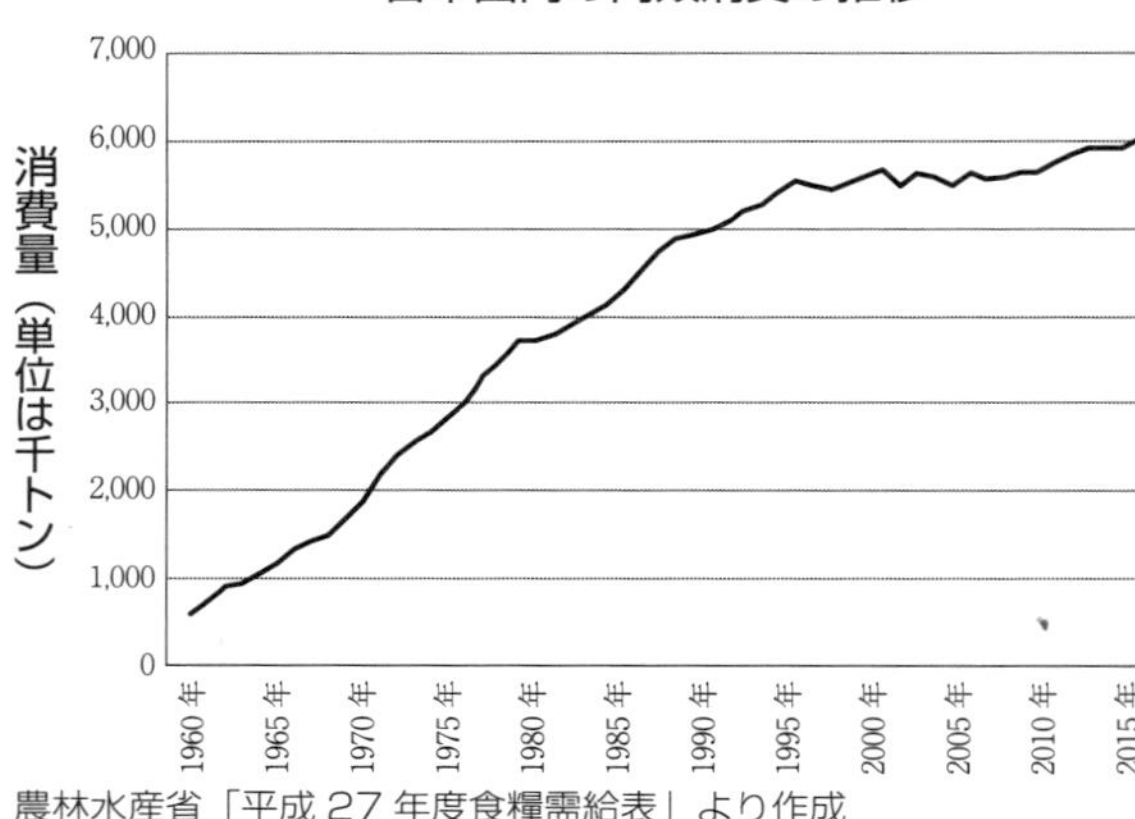

農林水産省「平成27年度食糧需給表」より作成

農林水産省が発表する食料消費に関するデータを見ますと、この半世紀で日本人が食べる肉（ウシ、ブタ、ニワトリ）の量は約十倍に増えています。現在と比べると、前回の東京オリンピック（一九六四年）の頃は食卓に肉が上る回数がいかに少なかったかがわかりますね。

実際にその頃、地方都市の子供だった私の食生活は魚と野菜が中心でした。すき焼きやトンカツといった豪華な肉料理は年に一度口に入るかどうかというハレの日の食べ物だったのです。

私が生まれ育ったのは長崎県の佐世保（させぼ）市というところです。明治時代からの軍港で造船業も盛んな港町の食べ物は、やはり近くの海で捕れる新鮮な魚介類が中心でした。海岸沿いに小さな漁船を横付けして、そこからぴちぴちと跳ねる魚やエビが揚げられていました。図鑑のように美しい様々な魚たちを眺めるのは、じつに楽しい時間だったのを覚えています。

季節の変化が魚種の変化につながり、それが食の変化へとつながる。今では食で季節を感じることが少なくなりましたが、当時は海岸に揚がる魚を見るだけでも季節の移り変わりを体感できたのです。

家で食べる魚の料理法は昔ながらの煮物で焼き物はほとんどありませんでした。買った魚であろうが自分たちが釣った魚（イカ、エビ、タコも含む）であろうが我が家はすべて煮物なのです。醤油(しょうゆ)、酒、砂糖を用いた伝統の和食の料理法が毎日繰り返されていました。煮物はあっさりとした味付けで素材の美味(うま)さが引き立ちます。年を取るとその美味さが嬉(うれ)しいのですが子供には少し刺激が足りません。脂がたっぷりの肉料理に憧れつつ煮魚を食べていました。

当時の外食といえば定食屋、ラーメン屋、うどん屋がポピュラーで、今ではどこにでもあるファミレスや焼き肉屋などは存在しませんでした。もちろんステーキハウスなどは想像すらできない別次元の話です。つまり現在のような肉らしい肉料理を食べる環境がまったくなかったのです。

学校給食でよく出たのは固い鯨肉の塊で、これが食べられずに涙ぐむ同級生の姿を鮮明に覚えています。竜田揚げ風の味付けは多くの子供に人気で大抵の生徒はすぐに食べ終えてしまいます。しかし肉類が苦手で口にできないその子は飲み込むことが大変そうでした。放課後もひとり教室に残され、いつまでもかちゃかちゃとスプーンで鯨肉を突いていました。薄暗くなりつつある教室とあの音は、今でも切なく思い出されます。

我が家はステーキなど想像すらできない家庭でしたが食卓にクジラステーキが出ることはありました。今では珍しい肉である鯨肉も当時はウシやブタの代用肉だったのです。市場には鯨肉専門の店があり、最も安いものは百グラムあたり十円程度、これは今でいえば細切れです。我が家で毎日この安い鯨肉を食べていたのは飼い犬でした。彼女は来る日も来る日も余ったみそ汁で煮た鯨肉をご飯に掛けて出されるのです。流石に飽きたのか、仕舞いには食べなくなりましたが。

このように鯨肉の位置付けは世代によってかなり違うのではないでしょうか。遠洋捕鯨最盛期に子供時代を過ごした私にはイヌでも残す肉というイメージが強くあります。人間はもう少しマシな鯨肉を食べていましたが、それでも百グラムあたり百円もしませんでした。固くて血生臭いクジラステーキの独特の風味は記憶の隅にしっかりと残っていますが、決して高級な食材ではありませんでした。それが今では最高級とされる尾の身の刺身が一切れ数百円で供されています。

高度経済成長時代をきっかけに日本の肉食文化は劇的な変化を遂げます。特に近年は、輸入の自由化によって急増する輸入肉が家庭にも外食産業にも流れ込みました。それは大量の肉を安価で食べられる時代の到来を告げるものです。その反面、欧米型疾病の増加などの社会問題も表面化しています。肉食を含めた食事の欧米化が原因のひとつと考えられる大腸ガンは、元々日本人には少なかったのですが、それが今やガン死因の最たるものになろうとしているのです。

輸入肉に関しては国内で禁止されている薬物（抗生物質や防腐剤）が検出される例もあり、安全が疑われる場合もあるのが現状です。またそのような肉を材料にした加工食品の存在も指摘されていますが、すべてを検査して輸入を止めることは容易ではありません。それ程に多くの輸入食品や加工品が日々日本国内に流れ込み、私たちの食生活を支えているのが現状なのです。

このように、ここ半世紀ほどで急激に進んだ肉食文化は我々の生活にどのような変化をもたらしたのでしょうか。本書では我々日本人の肉食の歴史を、古代から現代まで見渡しながら考えていきたいと思います。前半は遺跡の出土物や様々な史料などを参考に考察を加え、現代の漫画や映画などの風俗も参考にしていきます。また地域の気候風土がいかに肉食に影響を与えたかなども考えたいと思います。後半は肉そのもの、つまり動物、命を食べる行為を様々な現場から見ていきたいと思います。この本を読んだあと、いつも無意識で食べていた肉に何らかの感慨を抱けるようになって頂ければ幸いです。

第一章　日本人と肉食

遺跡に残る肉食のあと

日本人が太古から肉を食べていたという明らかな証拠は遺跡の中に残っています。各地の縄文時代の貝塚からはシカ、イノシシ、サル、ムササビ、クマ、キツネ、タヌキ、アザラシやクジラなどの骨が多く発見されています。

しかし縄文時代よりも遥か以前から日本人が肉を食べていた証拠も見つかっているのです。最も古いものは今から約二万七千年前の旧石器時代まで遡ることができます。場所は静岡県三島市の初音ヶ原遺跡で七十個以上もの大量の落とし穴の遺構が発見されたのです。シカなどの動物を追い込んで捕るためのものと考えられ、その大きさは直径、深さともに一・五メートル前後もあり、日本で最も古い大規模な落とし穴群といわれています。

初音ヶ原遺跡の落とし穴群（三島市教育委員会提供）

狩猟・漁労・採集行為は人類が生きていくための基本的な行為だったので、見つかったのは不思議なことではありません。しかし、この発見までは本格的な狩猟行為は縄文時代になってから始まったというのが定説だったのです。落とし穴遺構の発見はそれを覆す大発見だったといえるでしょう。

では本格的な狩猟行為が行われていたことの何が重要なのでしょうか。それは社会構造の問題です。この発見以前、人類は小さな家族単位で移動をしながら細々と狩猟・採集に従事していたと考えられていました。しかしそれでは大規模な土木工事を伴う落とし穴の設置は難しいのです。ある程度の人数の集団で統率力のあるリーダーが落とし穴プロジェクトを進めたと考えるのが妥当ではないでしょうか。

以前は縄文時代も肉食はあまり盛んではなかったと思われていました。食の中心は魚類や木の実、草の実などで肉はあまり食べられていないだろうと考えられたのです。実はこの説も近年科学的手法で覆されました。

東京大学の米田穣(よねだみのる)教授が縄文時代の遺跡から出土した人骨のアミノ酸に含まれる窒素同位体の成分を分析しました。人間を含めて動物の骨の組成は、食べたものによってかたち作られています。つまり骨の成分を調べることで、その個体がいったいどのような食べ物を食べていたかがわかるというのです。この分析結果でわかったことは驚きでした。何と縄文人の食生活はシカなどの草食動物よりもキツネなどの肉食動物に近かったことが判明したのです。つまり縄文人は現代の我々以上に肉が好きだったといえるかもしれません。

弥生時代の土器の中には明らかにシカを弓で射る場面が描かれているものがあり、いかに狩猟、つまり肉食が日常的な行為だったのかを示しています。このように石器時代から弥生時代まで日本列島では連綿と肉食が繰り広げられて来たのは明らかなのです。

誤った定説

長らく日本人は肉を食べる文化がなかったといわれてきました。ですから、明治時代に入り西洋人が牛肉を食べる姿に驚いたという記述を読んだことがあります。

私が子供の頃は学校でも、日本人は肉を食べないせいで西洋人に比べて体が小さいと教わった覚えがあります。確かに、明治期になって西洋の肉食文化が入ってきた当初はウシを食べることへの驚きや拒否感が少なからずあったのは事実のようです。しかし、それは何も肉食に対する嫌悪感とは違うようです。農民が全人口の八割程度を占めた時代、田畑を耕す大事な牛馬を殺して食べるなど農民には想像すらできなかったのです。これは別に日本が仏教国で、殺生を禁じた戒律を守ったからではありません。大切な労働力の喪失が問題だったと考えるべきでしょう。

西暦五三八年（諸説あり）に仏教が伝来してから日本は仏教国となり、肉食がタブーになったと考える人は少なくありません。現在の日本人の多くが仏教徒であるといわれてますから、そう考えるのも理解はできます。しかしこれは本当のことでしょうか？

日本人は昔から良くいえば発想に柔軟性があり、悪くいえば少なからずいい加減なところがあるようです。特に他国から伝わったものに関しては、自分流に解釈して作り直すことが珍しくありません。

仏教を広める立場の僧侶にしてから、本来は肉食妻帯や飲酒は禁じられているにもかかわらず厳密に守っていたとは言い難いようです。酒を般若湯（知恵のわき出るお湯という意味）と言い換えて飲んだり、魚や鳥は動物の肉ではないとみなして食したりした事実がそれを証明しています。僧侶ですら守っていない場合もあったのですから、一般信徒である民が戒律を疎かにしたことは想像に難くないのです。

実際に、古代から時の権力者がたびたび肉食の禁止令を出しました。奈良時代や平安時代、そして最も有名なのが江戸時代の徳川五代将軍綱吉の「生類憐れみの令」でしょう。しかし、その都度時間の経過とともにうやむやになり肉食は廃れませんでした。

またその時々の政権によって禁止される肉食の範囲が変わったのも特徴です。それは肉食の定義、殺生の定義がまったく定まっていなかったことを意味しています。そもそも本来の仏教では一切の殺生を禁じているわけです。精進料理で出される刺身は、こんにゃくが代用品であることからしてもわかります。

古代に出された主な肉食禁止令

年	発令者	禁止内容	出典
675(天武 4)年	天武天皇	落とし穴、檻などの罠による狩猟や漁業。ウシ、ウマ、イヌ、サル、鳥の肉を食べること	日本書紀
691(持統 5)年	持統天皇	多雨の農業への影響を懸念して、朝廷の官人に対して飲酒と肉食	日本書紀
730(天平 2)年	聖武天皇	イノシシやシカを殺すこと	続日本紀
743(天平 15)年	聖武天皇	肉や魚の混じった食事	続日本紀
749(天平勝宝元)年	孝謙天皇	大仏造立にかかわる従者の飲酒と肉食	続日本紀
758(天平宝字 2)年	孝謙天皇	イノシシやシカを天皇の食事として貢物にすること	続日本紀
770(宝亀元)年	称徳天皇	7日間、飲酒と肉食	続日本紀
791(延暦 10)年	桓武天皇	特定の地域の人々がウシを殺すこと、及び漢神(中国から伝わった神様)に祀ること	続日本紀

「なぜウサギは一匹二匹と数えずに一羽二羽と数えるのか？」

昔からよく聞くクイズです。仏教が獣肉食を禁じていたため、食べることができる鳥に見立てたからだといわれますが、これはあくまでも俗説。実際には諸説あって厳密にはわかりません。しかし明らかな間違いは、仏教が禁じたのは「獣肉食」ではなく「殺生」であったという点です。本来は魚や鳥、いや蚊ですら殺すことも禁止事項なのに、いつの間にか曖昧になっていたのです。

これは非常に現実的な判断ではないでしょうか。石器時代から続く食生活において肉食は生きるうえで大切な行為だったのです。それが大陸から渡って来た思想でいきなり禁止といわれても従えるはずがありません。日本人は自分たちの習慣や歴史に合うように仏教をカスタマイズしたといえるでしょう。これらの点からおわかりのように日本人は決して肉を食べない民族ではなかったのです。例え宗教的戒律で禁止されても抜け道をどんどん作って肉を食べ続けました。それほど大切な食材だったのです。

マタギと猟師

日本は国土の七割以上を中山間地が占める森林国家です。温暖多雨な自然環境が豊かな森を育んできました。その森は生き物の宝庫でもあります。

森には様々な食べ物が存在します。食用可能な草や葉、根、実、また清らかな流れに潜む魚類は古代人にとって大切なカロリー源だったはずです。しかし、いくら葉っぱや木の実を食べてもあまり満腹感は得られなかったのではないでしょうか。ドングリ類は栄養価も高くお腹にたまる貴重な食料ですが、不作のときはほとんど採れません。山で採れる実の類は豊作と不作を繰り返すので、安定的に得られる恵みとはいえないのです。

　このような環境の中で古代人が最も重要視した食料は動物だったのではないでしょうか。集めるのに手間暇が掛かる草や実はその割には腹の足しになりません。また栃(とち)の実のようにアク抜きに大変な手間が掛かる食材も少なくはありません。それに対し、同じ山に生息するシカやイノシシを一頭仕留めれば、多くの人たちが腹を満たすことができたでしょう。元気な男たちは勇んで狩猟に明け暮れたと思われるのです。

　古代より狩猟は日本全国どこでも行われています。南は西表島(いりおもて)から北は礼文島(れぶん)まで人々は知恵とチームワークで大切な肉を手に入れようと必死で走り回りました。

　農耕文化が徐々に根付き始めても狩猟行為が消え去ることはありませんでした。目の前に現れた大切な肉を手に入れたいという願望は人間の自然な気持ちであり、それを手に入れたときの喜びは何物にも代え難かったのです。こうして古代より狩猟行為は各地に継承されていきます。

　皆さんはマタギという名称を耳にしたことがありますか。映画や小説、漫画などで時々取り上げられるマタギとは一言でいえば猟師になります。マタギは主に北東北の雪深い山間地に住み、厳しい自然環境の中で古くからのしきたりを守りながらクマやカモシカ、ウサギなどの獣類を捕獲して生計を立てていました。現在では仕事として猟をするマタギはいません。今のマタギたちは農業をしたり、役所などに勤めるかたわら猟期に獲物を追うのが一般的なのです。

マタギは伝来の巻物（山建根本巻）を所持し、山岳密教系の呪文を唱えます。巻物はいわば猟師の免許証のようなものです。日本全国どこでも自由に狩りをしても良いというお墨付きで、各マタギ集落により文言に違いがあります。呪文は獲物が捕れるように願ったり、天候が悪化したときに身の安全を願うために唱えます。

他にも狩りに出る前の水垢離（冷水を浴びて身を清める行為）や奥さんが妊娠出産したときは一年間猟に出られないなど様々な場面で独特の作法がありました。今はそのような伝統的な作法に則り活動するマタギはひとりもいないのが現状です。

これらの特異なしきたりや掟の存在で、マタギは非常に特殊な狩猟民とみなされる場合が多いのですが本当にそうなのでしょうか？　各地の狩猟現場を見ていくと、どうやら日本各地にマタギと同じようなしきたりが少なからず残っていることに気が付きまし

仕留めたクマに手を合わせるマタギたち

た。

例えば大日如来（だいにちにょらい）や白山（はくさん）信仰のような山の神を信奉する行為は狩猟民以外にも深く根付いています。また巻物に出てくる真言密教の呪文もあちこちの山村で見受けられます。巻物の内容に関しても類似する物は決して珍しくありません。これらのことからマタギ的な狩猟文化は日本各地にあったと推測することができるのです。それが時代とともに廃れてしまい、ある程度の姿を留めたのが北東北のマタギだったと考えられます。マタギの源は間違いなく遥か昔から続く狩猟・採集の行為です。それは我々日本人が太古の昔から肉を得るために活動した証（あかし）ともいえるのです。

肉食と差別

これまでお伝えしたことで日本人は太古の昔からごく普通に肉を食べていたという事実がわかったかと思います。しかし仏教が浸透するにつれ、肉食を禁忌とする考え方も一般的になりました。とはいえ肉食が廃れたり狩猟行為が行われなくなったことはありません。朝廷が出した肉食禁止令も抜け道だらけで、ほとんど守る気持ちがないのは明らかでした。僧侶にいたっては肉食を許す免状まで持参して獣肉の鍋に舌鼓（したつづみ）を打っていた記録が残っています。それ程に動物性タンパク質を含む肉が魅力的な食材だったのだといえるでしょう。

日本に伝来した仏教は早い段階から神道と習合しています。元々あった信仰である各地の神様と敵対するのではなく、別物でありながら共存共栄の道を選ぶという離（はな）れ業（わざ）をやってのけたのです。その結果、寺の中に氏神様の社があるという神仏習合の光景ができ上がりました。

日本古来の神は肉食を禁じてはいません。しかし当時の新興宗教だった仏教は殺生を禁じています。どちらも同じ信仰の対象なのに肉食に関しては正反対の立場なのです。結局、貴族も僧侶も、そして庶民も楽な方を選択しました。つまり仏教の戒律は知らないふりをして肉を食べる行為を優先したのです。

戒律に背き殺生をする。そのことは信心する心に少なからず後ろめたさを感じさせたでしょう。地獄絵図を見てあそこに行きたいと思う人はまずいません。極楽往生を願えばこそ毎日念仏を唱え、少なくとも寺に寄進をするわけですから。

殺生をする理由にはいくつかあります。

*肉を得るために生き物を殺す。

*皮や毛を利用するために生き物を殺す。

*田畑を守るために生き物を殺す。

二番目の皮や毛は武具や工芸品には欠かせない素材であり、肉を取ったあとの副産物ともいえます。このように殺生は社会にとって必要欠くべからざる行為だったのです。

殺生は現実問題として止められない。しかし宗教上救われないのは嫌だ。そこで考えられたのが専門職を特殊な存在にすることだったと思われます。殺生をする、皮を剝いで鞣す。戒律に反したこれらの汚れ仕事を特定の集団に押しつけることでその利益のみを受け、自らは厄災から免れようとしたのです。殺生を請け負った彼らは差別の対象となりましたが、彼らの行為は社会に欠かせないという奇妙な状態が生まれました。被差別民の誕生です。

被差別問題は非常に裾野が広く簡単に解消できる問題ではありません。長い年月に渡り深く頑丈に張り巡らされた根っ子のようなものなのです。差別解消に向けて日本が本格的に動き出したのは戦後しばらくしてからでそれが今なお続いています。

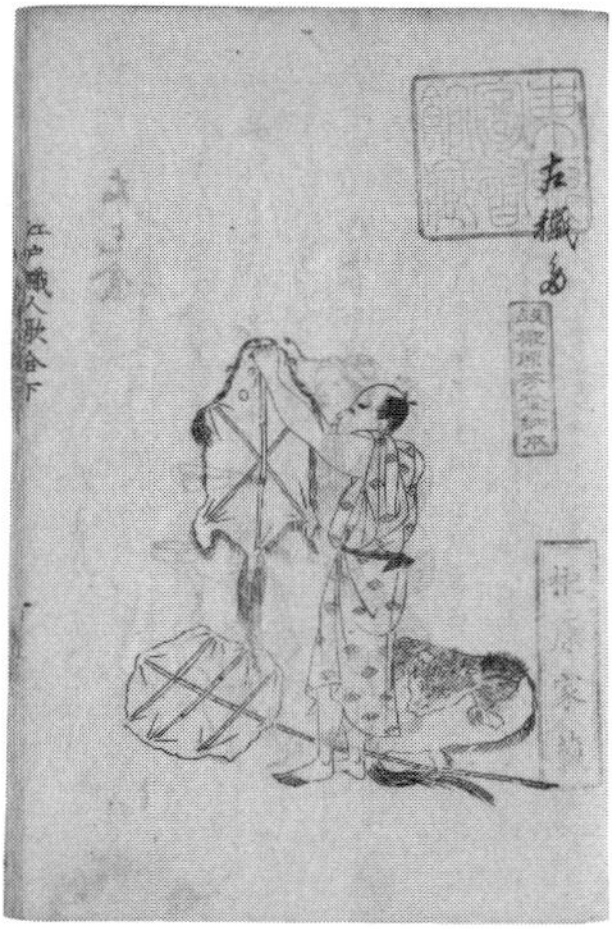

江戸時代に描かれた皮革職人。『江戸職人歌合　下』（国立国会図書館デジタルコレクション）

屠殺や屠畜といった文言は使用禁止にされる場合が多く、ほとんど食肉処理と言い換えられています。本来、〝屠〟や〝殺〟という漢字には差別的要素は、まったくありません。

しかし部落差別と密接に絡みついた歴史が長いために使用を躊躇われる結果につながったのです。人間が生きるうえで必要な行為をタブー視して、それに携わる人たちを差別する。これは許されるべきことでは決してないのです。

猟師はもちろん殺生をする側の人間です。しかし猟師がいる集落が差別の対象になったかというと決してそのようなこともありません。北東北のマタギ集落も猟師が多い宮崎県の椎葉村も被差別集落ではありません。では猟師はどのように見られていたのでしょうか。それは落語や講談、または見せ物小屋や啖呵売の口上や台詞の中に見聞きすることが可能です。

「親の因果が子に報い、現れ出でたのがこの子でござい」

「親は代々狩人で殺生の報いでこうなった」

仏教のタブーを犯す人は子々孫々にわたり良からぬことに見舞われるという訳です。特に猟師が関わる噺などの場合は身体障害者が生まれる例が多く見られます。これは職業差別と障害者差別が重なる複合差別といえるでしょう。このように非科学的で根拠の無い迷信を信じることが、多くの人たちを長いあいだ苦しめてきたのです。

時代で変わる肉食

食文化はその時々の時代で大きく変化します。それは技術だったり宗教だったりと様々な要因が関係しますが、特に技術の面から考えてみるとわかりやすいでしょう。肉を加熱するのに直接火で焼くのか、それとも土器を利用して煮炊きするのかで料理はまったく違うものになります。ストーブやガス機器の発達で火力の微妙なコントロールが可能になると、料理は更に変化を遂げるのです。固い肉を力任せで噛み切るのか、それとも優雅にナイフを使い口に運ぶのかは大きな違いとなります。

調味料の発明も変化の大きな要因となりました。塩すらなかった時代は滴る血が塩味そのものです。そこから時代を経て製塩法を学び、その塩を使って発酵食品を作るようになったことで味噌、醤油などの基本的な調味料が手に入ったのです。様々な調味料を使いこなすことで料理は文化へと発展しました。

ヨーロッパの大航海時代は肉を美味く食べるための魔法の調味料であったコショウなどの香辛料を求めたのが最初の目的とされています。金以上の価値があるとされたコショウを求めて人は未知の大海原へと漕ぎ出したのです。香辛料が安価に手に入る時代になると、肉料理は一層進化を遂げていきました。では次に時代や地域による肉食文化の変遷を考えてみたいと思います。

原始人肉は作れるのか?

肉を絵で表現する場合、皆さんはどのように描くでしょうか。すき焼きでしょうか?それともステーキ? どちらも絵に描いてみると意外に難しいことに気が付くはずです。そこで漫画やアニメなどで最も肉らしい表現方法として考え出されたのが原始人肉なのではないでしょうか。

大きな肉の塊から突き出た骨を手に持ちガブリと豪快に齧り付く。太古の人々が主役のアニメや映画でも必ず見られるお約束の食事シーンです。これほど強烈に肉の本性を表現する方法はほかにない。〝ザ・肉〟の記号だともいえるでしょう。

正式名称ではありませんが、何となく原始人肉といえばほとんどの人はイメージが沸くはずです。一度はあれくらいの肉を食べてみたいという想いを抱かせる魅力が原始人肉にはあるようです。

では実際に大昔の人々はあのような肉を食べていたのでしょうか。原始人肉の作り方を想像することで原始的な肉料理の進化について考えてみたいと思います。

まずはマンモス、あのような大型獣の肉は当然切り出してから、生で食べたり直火であぶる程度だったと考えられます。恐らく大型獣を原始人肉にすることは物理的に不可能だったのではないでしょうか。

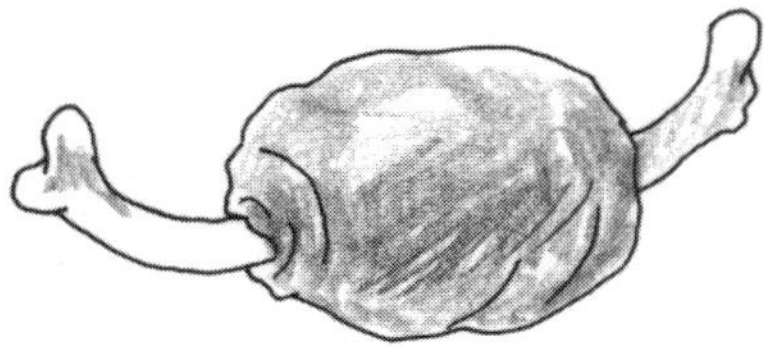

では中型獣に限って考えてみましょう。シカやイノシシでも脚はかなり大きく原始人肉にして食べるにはやはり難しい。ウリ坊（イノシシの子供）や子鹿クラスなら後ろ脚が原始人肉に近いと思われます。ではこれを焚き火でこんがり焼くことは可能でしょうか。

実際に私は大きめのニワトリ（約三キロ、普通は一キロ程度）を焚き火で調理したことがあります。もちろん熾き火（薪の炎が上がらず炭火のような状態）にした状態でじっくりと焼きました。このとき肉に直接火を当てると直ちに黒焦げになってしまうのです。熾き火でも強火にならないよう気を付けながら三時間ほどかけて、じっくりと焼くと実に美味しそうな焼き色になりました。ところがナイフを差し込んで中の様子を調べてみると、これが半生状態なのです。三時間辛抱強く焼き続けて良い感じになったなと思っても、実際は中まで火が通っておらず、食べられる状態ではありませんでした。

表面からの熱は中までは伝わりにくい。かといって火力を強めると表面は焦げてしまうのです。では時間を掛けじっくり焼くと上手くいくか？　実験の結果はＮＯでした。

ニワトリの丸焼き。中まで火は通っていなかった

そこでふと思い出した光景があります。南米の牧場でウシを丸焼きにするテレビ番組を見たことがあるのですが、そのときのやり方はこうでした。私がニワトリの丸焼きを作ったのと同じように、長い鉄の棒に半開きになったウシが刺されて火の上をぐるぐる回っています。段々と焼き目が付いて滴る脂に火が上がる。ここまでは私のやり方とほぼ同じですが食べ方がまったく違いました。

料理人はぐるぐるとウシを回しながら、焼けた部分を随時ナイフで切り取るのです。そして切り出された肉にステーキソースを掛けて配る。ああ、確かにこのやり方ならすぐに焼ける表面部分からどんどんと食べられるわけですね。全体が焼き上がってから取り分けて食べるのではなく、焼けたところを次々に食べる。大きな肉塊の合理的な食べ方だといえるでしょう。しかし豪快ではありますが、これでは原始人肉にはほど遠い姿かたちです。

次に思い浮かべたのはパプアニューギニアの肉料理です。パプアニューギニアのハレの日の料理にブタの丸焼きがあります。これは先に述べた南米のウシの半丸焼きとは違い、直接火で炙(あぶ)るようなことはしません。彼らは地中に掘った穴の中に焼き石を入れて高温状態に保ちます。そこへバナナの葉で幾重にも包んだ丸豚を入れて半日がかりでじっくりと蒸し焼きにするのです。

火が直にあたる料理と違い、蒸し焼きは高温になった蒸気で肉を加熱する調理法です。この方法だと焦げることもなく全体が均一に仕上がります。このとき大事なのは、なるべく密閉性を高めて水蒸気を逃がさないことです。今でいう無水鍋の原理ですね。材料が持っている水分で効率よく加熱すれば、その分うま味も栄養素も無駄なく取れるという仕組みです。

火を使って肉を加熱するこれらの原始的な料理法は、時間や燃料の無駄が多く感じられます。これらの無駄を省き劇的に肉料理を進化させたのは土器の発明だったのではないでしょうか。器に水を入れて火に掛ければ簡単に煮込みを作ることができます。おまけに燃料の消費は焚き火より遥かに少なくて済むのです。

しかし、このように加熱調理可能な器を手に入れるまでは、おそらく生、または限りなく生に近い状態で肉を食べていたのではないでしょうか。肉は火を入れることでタンパク質が変性し固くなります。筋や腱が縮むとさらに固さは倍増して、噛み切ることは容易ではありません。それと先に述べたように調理時間や燃料となる薪の問題を考えるとやはりほとんど生食に近かったのではないかと思えるのです。

このように考えていくと、憧れの原始人肉とは骨に付いた肉の塊を焼いたものに齧り付くのではないかもしれません。実は肉をこそぎ取ったあとの骨をしゃぶる程度ではなかったかと思えるのです。巨大な肉の塊に齧り付き、むしゃむしゃと貪ることはあまり現実的ではないのかもしれませんね。

肉食獣が獲物を捕獲した場合、まず真っ先に腹を食い破り内臓から食べ始めます。それは内臓が柔らかく最も栄養価が高いからだと考えられています。そのあと肉に取り掛かるわけですが、この食べ方は人間も同じだったのではないでしょうか。まず先に内臓、つまりホルモンを食べて、肉はそのあとだったと個人的には思えるのです。とはいえこればかりは当の原始人に聞くしかないようですが。

旧人類のネアンデルタール人に関しては近年の研究でかなり知能が高かったことがわかっています。また仲間を埋葬するような情も持ち合わせていたらしい痕跡も見つかっています。そのネアンデルタール人について驚きの発見がなされました。それはアメリカの研究者が率いる国際研究機関の発掘調査の結果です。

彼らがベルギーの洞窟群から見つけ出したものの中に多くのトナカイやウマの骨がありました。それには食べるために解体をした跡がはっきりと残っていたのです。これ自体は何ら珍しい発見とはいえません。研究者たちが驚愕（きょうがく）したのはその中に同族のネアンデルタール人の骨を見つけたからでした。その骨にも動物の骨と同じく解体して骨の髄を取り出した明らかな痕跡がありました。つまり旧人類達にとっての肉とは動物以外に同族も含めたものだったのです。

これは共食い……。

そう考えると本によく載っている、焚き火を囲んでのんびり旧人の家族が肉を食べる光景も少し見方が変わって来るかもしれませんね。肉食の対象に同族も入っていたのは驚きですが、実際に人類の長い歴史を振り返ると古今東西様々な状況で人肉食が行われていた事実があるのです。

囲炉裏とストーブ

次に日本とヨーロッパを比較することで肉食に対する文化や感覚の違いを見ていきましょう。歴史的にはヨーロッパは肉食文化、日本は非肉食文化とよく勘違いされますが、実際にはそのようなことはありません。しかし、肉に対する考え方や扱いはかなり異なるといえるでしょう。

どちらの文化圏も多くの農民が畑を耕し耕作物を収穫することで生活に必要な消費カ

ロリーの大半を賄っていました。日本はまわりを海に囲まれているので、当然海産物が多く捕れます。また降雨量が非常に多い気候なので大小様々な河川が発達し、淡水魚も多く食べられました。特に田圃は水路を巡らせるために独特の生態系を生み出したのです。水路や田圃にはドジョウ、タニシ、ウナギ、コイ、フナなどが生息し、シギ類などの野鳥も出現します。田圃の周辺で日本人は美味しい獲物を沢山捕獲できました。つまり主食である米を作る田圃が同時に動物性タンパク質を供するという合理的な仕組みがあったのです。

ヨーロッパも海に近ければ当然魚介類を捕ります。内陸部でも同様に河川でヨーロッパオオナマズのような巨大魚を始めとする、豊富な淡水魚を捕ってタンパク源としています。

狩猟に関しては、日本のような山間部ではなく平野が多いために本来誰もが狩りに参加しやすい環境だったといえるでしょう。しかし、庶民は勝手に動物を狩ることはできませんでした。狩猟行為は地域を治める王侯貴族の特権で、庶民は勢子（狩りのときに獲物を追い出す役目）や獲物の引き出し役（仕留めた獲物を持ち帰る役目）として使われる場合がほとんどだったのです。それでもたまには小動物や鳥類を捕獲して食べていたでしょうし、牧畜などに不向きになった動物を潰して食べていたはずです。よって日本の庶民よりは多く肉を食べていたといえるかもしれません。

ヨーロッパと日本は気候がかなり違います。夏場が高温多湿な日本では暑い夏を乗り切るために柱だけの家を建て、なるべく風を入れるような造りにしました。その中でほとんど焚き火をするかのように利用したのが囲炉裏（いろり）なのです。

柱と屋根しか構造物のないきわめて開放的な家は夏向きですが、冬は外部と何ら変わらない気温となります。冬場の寒さはまさに気合いで乗り切るしかないようで明治時代の日本に住んだ小泉八雲（こいずみやくも）は冬場の寒さが大変な苦痛だったようです。

このように昔の日本家屋はほとんど外同然の住環境なので囲炉裏が使用可能でした。しかし、これは家の中で焚き火をするような状態です。焚き火をしたことのある人ならわかるでしょうが、火をコントロールすることは難しいのです。焚き火では細かな温度調整が不可能なので、囲炉裏は鍋でぐつぐつ煮込むような単純な料理法にしか向きません。結局、手近にある野菜、魚、肉、山菜、キノコと何でも放り込んで煮込むのが囲炉裏料理の基本形となります。これは現代の相撲部屋で出されるちゃんこの原型ともいえるのではないでしょうか。

囲炉裏は暖房としてもあまり効率の良い装置とはいえません。熱は上へ逃げ、また薪をくべればくべる程どんどん燃えるために効率が悪いのです。煙は家中に立ちこめ目が痛くなります。

囲炉裏でボタン鍋を煮込む

それに対してヨーロッパは寒冷で乾燥しているために、冬場を乗り越えることに家造りの重点が置かれています。なるべく窓を小さくして外気を遮断する必要があったのです。そうすると日本の囲炉裏のような火の扱い方は不可能になります。暖を取る専用の暖炉、料理用のストーブは共に火を管理する仕組みがなされています。つまり鉄の箱の中に火を閉じこめることで火力の調整が可能となり、また燃料の節約もできた

西洋風の暖炉

のです。

　火の扱い方や管理方法が日本とヨーロッパではまったく違うのは、気候が異なることによる家の構造の差から生まれたといえるのではないでしょうか。

　このように調理に欠かせない火の扱い方はそこで暮らす人達の食生活に大きな影響を与えました。コトコト弱火で煮込んだり、ジュウジュウとフライパンの上で焼く料理はキッチンストーブには向いていますが囲炉裏には不向きです。先にも述べたように、囲炉裏では一鍋に何でも突っ込むごった煮がメイン料理になります。真ん中に吊された鍋を囲み家族が料理をつつきながら暖を取る。その視線の先にはゆらゆらと燃えさかる炎が常にありました。日本の伝統的な食事には、この火を見ながら食べるということも含まれていたといえるでしょう。

　焼き物には不向きな囲炉裏に対し、手軽に火を扱うことのできる七輪の普及は江戸時代の半ば以降になります。これにより網の上でジュウジュウと音を立てる焼きサンマが味わえるようになりました。

漫画の中の肉食

現在、日本の漫画やアニメは文化として世界的にも認知されています。その中で肉食がどのように表現されてきたのかを考えてみましょう。

私は子供の頃、食中りで数日間絶食をした経験があります。わずかな水分だけしか口に入らない軽い飢餓状態は今でもはっきりと覚えています。あれほど空腹が辛いと感じたことはありません。気を紛らわすためにひたすら描いたのは食べ物の絵です。空想の世界で空腹を満たそうと子供心に思ったのでしょう。

漫画や絵本にも食べ物は描かれています。お菓子の家のようなメルヘンチックなものは古今東西定番でしょう。夢の世界を描くという点では先ほどの話と同じなのではないでしょうか。普段食べられないものを空想の世界でお腹一杯になるまで頬張りたい。そんな中でも、ご馳走の場面となるとやはり肉が主役だったことはいうまでもありません。

一番わかりやすいご馳走の記号はやはり例の原始人肉。骨を持ってがぶりと齧り付くのが漫画的ご馳走表現の王様でした。その表現方法は基本的にワンパターンで、不思議なことに主人公たちは野外であろうが自分の家であろうが原始人肉を食べていたのです。

これが少し高級なレストランの描写となるとナイフとフォークが登場します。肉はもちろん原始人肉ではなくステーキ、それもビフテキ（ビーフステーキ）と呼ばれる料理に変化します。昔はブタやクジラもよくステーキで食べていたのでウシには特別な称号が与えられていました。〝キング・オブ・フード〟ビフテキこそ最高の食べ物という認識が世間一般には強くありました。

『サザエさん』の作者長谷川町子さんが描いた『いじわるばあさん』（昭和四十一年連載開始）にも裕福な家では分厚いビフテキを食卓で食べるという場面が描かれています。これはビフテキが庶民には高嶺（たかね）の花であり、空想するしかない食べ物だった事実をよく表しているでしょう。庶民の食卓はご飯とみそ汁と焼き魚が丸いちゃぶ台の上にこぢんまりと乗る絵が普通でした。豪華なテーブルの上にどんと置かれた厚いビフテキは垣間（かいま）見ることができない金持ちの食卓の象徴として描かれていたわけです。

このようにご馳走としての描写には時代の豊かさへの憧れが強く滲んでいました。ですから漫画で描かれるビフテキは不合理なほどきわめて分厚い肉の塊として描かれ、それに齧り付くことが裕福の証としてとらえられたのです。

当然庶民の食卓には肉が描かれることはほとんどなく、どんぶり飯をひたすら掻き込む姿が見られます。この場合、なぜかちゃぶ台の上にはどんぶりが積み重なっているのが定番でした。わんこそばじゃあるまいし、自宅でどんぶりを積み重ねるわけがないと子供心に思ったものですが、これも漫画的記号のひとつなのでしょう。空いた食器が積み重なる光景は満腹や飽食を表していました。

このような表現がギャグ漫画からヒーロー漫画までに幅広く描かれたという事実は、

作者が少なからず食糧難の時代を経験している証だったと考えられます。そんな彼らが描く肉の塊は、まさに子供たちの目を奪う力がありました。決して食べることのできない漫画の肉は憧れの存在だったのです。

現代社会においてステーキも焼き肉も食べたことのない人はいないでしょう（宗教的または体の都合で食べられない人を除いて）。肉は日常食になった感があります。これ程までに大量に安価に肉が食べられる時代が来るとは私が子供の頃には想像すらできませんでした。今、我々は歴史上最も肉を食べる時代に生きているといえるでしょう。

【コラム】　ホルモンと焼肉

多くの人が「好きな肉料理は？」と聞かれると恐らく焼肉かステーキと答えるでしょう。この場合、肉の煮込み料理を上げる人は少ないと思います。今や肉料理の代表格は焼き物なのです。しかしこれも実はそう昔からの話ではありません。漫画『サザエさん』の昭和四十年代の話では、ハレの日のご馳走といえばすき焼きが定番だったことを考えると良くおわかりでしょう。焼き肉、ステーキが一般に普及したのは近年になってからなのです。

私が子供の頃、地方に焼き肉屋は存在しませんでした。あったのはホルモン焼きです。肉ではなく内臓を焼いて食べさせる店です。このホルモンの語源は諸説ありますが、いわゆる関西弁の〝ほおるもん〟つまり捨てる部分を意味することから来たというのが一般的です。

動物が死ぬとガスが発生して真っ先に腐り始めるのが内臓です。また肛門に近い部分は排泄物が詰まっていてそれだけでも臭い。それらの理由から食べられない部分と考えられて放り投げるから〝ほおるもん〟と呼んだのです。ただし、このホルモン焼きの店でも若干の肉類がメニューにあったのを覚えていますが、割合的に内臓の方が多かったために暖簾はホルモン焼きだったのでしょう。実際に当時は肉の値段が高めで庶民には高嶺の花、それに比べると安価なホルモンはお手頃感がありました。また実際に肉とホルモンは流通ルートも違っていたのです。

市場には肉屋とは別にホルモン屋が存在しました。文字通り内臓専門店で平たいガラスケースに色とりどりの内臓部位が収まっていたのをよく覚えています。一方、肉屋は対面式のショーケースの向こう側にウシやブタが半分開き状態（枝肉）でぶら下がっているのが見えました。それをまな板の上で手際よく商売用の肉に変える職人の技も見ることができたのです。ショーケースを挟んであちら側には動物の肉体が存在し、お金を払うとそこから切り分けられた肉が手元にやってきたのでした。

現在のスーパーではすべてがパック詰めされているので、ぶら下がった肉体を見ることは不可能です。それは同時に肉が動物の体の一部だというリアルから遠ざかったといえるでしょう。今は食肉処理場からある程度の大きさにわかれたブロック状で流通するのが主流です。これは必要な部位だけを確実に入手できるシステムで、肉を売るのに大がかりな施設（ウシやブタが吊り下がった）は不要になりました。これにより肉を買う場所が肉屋ではなくスーパーになったのです。肉屋の仕事についてはあとで詳しく述べたいと思います。

第二章　日本人はこんな肉を食べてきた

ただ単に肉といった場合、皆さんは何の肉を思い浮かべますか。牛肉、豚肉、鶏肉、馬肉、羊肉、中には鯨肉を思い浮かべる人もいるでしょう。一般的にはウシ、ブタ、ニワトリが普通にスーパーなどで売買される肉類、その他は少し珍しい肉かもしれません。しかし世界的に見ればこれら以外にもサル、海獣（トド、アザラシなど）、げっ歯類（ネズミの類）、ヘビやカメといった爬虫類（はちゅうるい）などの肉も多くの地域で食されています。人は太古の昔から、あらゆる動物の肉を食べて来たのです。

では肉とは動物の体のどの部分か、わかりますか？　それは筋肉です。私たちが食べている肉とは動物の筋肉のことにほかならないのです。

肉とは何か

〝肉とはつまり筋肉のことである〟、では筋肉とは何でしょうか。改めて考えてみましよう。

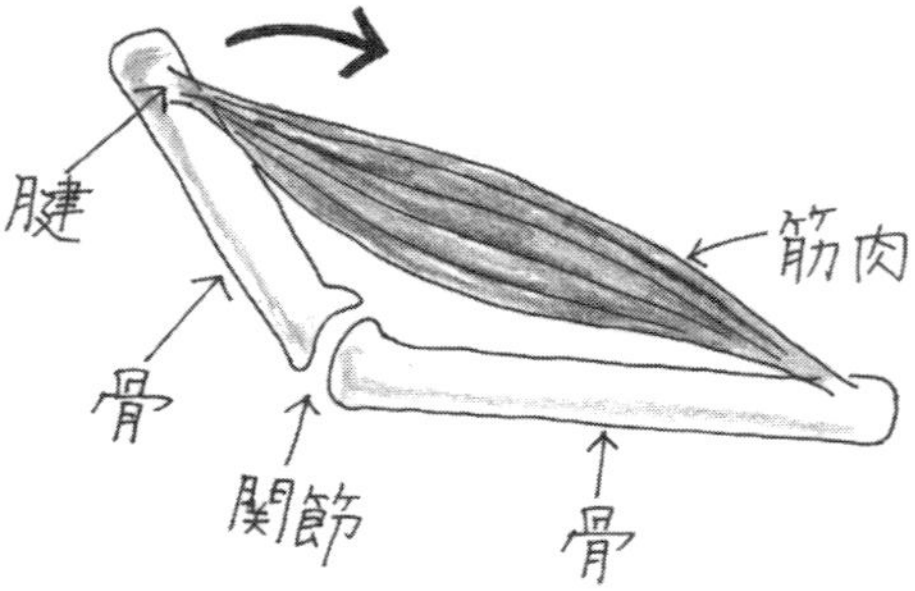

ひとことでいえば、筋肉は動物が体を動かすために欠かせない組織です。筋肉が伸縮をすることで関節を支点につながった骨を動かし、様々に体を動かすことが可能となります。歩く、走る、立つ、跳ぶ、座る、つかむ、噛む、皆さんが普段何気なく行っているこれらの動作はすべて筋肉があってこそ可能な動きです。もちろん、泣く、笑う、怒るなどの感情を表す顔の表情を作るのも同じです。

筋肉と骨を密着させている部分は腱や筋と呼ばれています。筋肉は筋繊維が集まって形成され、その性質によって横紋筋（骨格筋）と平滑筋、心筋に大別されます。

筋肉は頭皮などの一部分を除けば体をほぼ覆っているといえるでしょう。一番大きな筋肉である太腿は一見ひとかたまりに見えますが、実は複数の筋肉がまとまってかたち作られています。同様に首や腕、ふくらはぎなどの部分もいくつもの筋肉が絡み合う複雑な構造になっています。この複雑な組み合わせのおかげで手足の指先などを様々な方向に動かすことができるのです。それにより力の微妙な加減もできる、しなやかな身体ができ上がりました。

筋肉の力で動物は様々な行動を行います。鳥類は羽ばたくことで大空を舞い、クジラ類は軽やかに水中を泳ぎ回り、陸上動物は大地を駆けめぐり木から木へ跳び移るのです。そして、このような行動を通じて肉食動物は獲物を捕食します。つまり筋肉を動かすために必要なエネルギーを他者の肉を食べることで補います。もちろん草食動物は捕食者から逃れるために筋肉運動を最大限に行い危機から逃れようとします。つまり肉とは躍動する命そのものともいえるのではないでしょうか。食べるために、生きるために、そして食べられないように、死なないように、動物は肉を使い動き回るのです。

1　畜産肉

食肉には実に多くの種類がありますが、とりあえず畜産肉と狩猟肉のふたつに分けて考えてみましょう。畜産肉とは人の手で繁殖、肥育された家畜から得られた肉です。皆さんがスーパーの肉売り場でよく見かける普通の肉だと思ってください。肉売り場の冷蔵ケースの中にはウシやブタ、ニワトリなどを中心として、様々な部位ごとにパック詰めされた肉が並んでいます。値段もバラバラで高い肉と安い肉では桁がふたつ程違う場合もあります。

解体の過程で出る端肉を集めた商品は格安、産地名が付いたブランド肉の最上級品は高嶺（たかね）の花、もっとも、最高級品質で高価な肉はスーパーではなく専門店に置いてある場合がほとんどです。同じ動物の肉なのになぜこれ程の価格差が生まれるのでしょうか。牛肉の例を見ながら考えることにしましょう。

日本人とウシの歴史

ウシとは基本的に人間が利用する目的で繁殖させる生き物です。アメリカやアフリカなどには野牛が生息していますが、そのような野生種を長い時間掛けて家畜化した動物がウシだといえるでしょう。

ウシ自体は食料というよりも労働の手助けや、牧畜で乳製品を得るために飼う場合がほとんどでした。荷物を運ぶ、田畑を耕す、そして乳を搾る。国や地域によって関わり方が若干違いますが、ウシ＝肉では決してなかったのです。

日本の場合、古くは貴族などが牛車（ぎっしゃ）や輿（こし）に乗って移動していました。朝廷では牛乳は薬として重宝されています。後に庶民にとってもウシは貴重な財産となります。田畑を耕す大切な労力として家族の一員と考えられたのです。

これはウマも同じでした。岩手県の南部曲（なんぶま）がり屋（や）と呼ばれる造りの家では、人間と同じ屋根の下でウマが大切な家族の一員として寝起きしています。他の地域でも似たような構造の家屋がありました。労働に欠かせない大切な相棒だからこそ寝食を共にしたのです。

『源氏物語絵巻』（土佐光起画）に描かれた牛車

農林業の現場では牛馬が大切な存在でした。それぞれの分布に関しては全国的にかなり偏りがあります。単純にいうと寒い地域はウマ、暖かな地域はウシといえば良いでしょう。ウマは主に中部地方から東の地域で多く働き、西は主にウシが活躍していたのです。しかし九州や四国ではウシもウマも飼育されたので、はっきりとした境目があるわけではありません。しかし、東日本では圧倒的にウマが多く使役されていました。

以前訪れた愛知県と静岡県にまたがる山間部では、大正時代にお年寄りがウマを初めて見たときの出来事を聞きました。そこはかなり山奥で林業が盛んなところでした。古くからの大切な労働力はウシです。そこへ遠くからウマを持ち込んだ人がいて田畑を耕していると村人がこぞって見物に出掛けたそうです。

「ほう、あれがウマか。話には聞いたことがあったが大きなもんだなあ」

お婆さんも目を丸くしてみんなと一緒にウマを眺めていました。

「ウマいうんか？　首の長いもんじゃなあ。でもあのウマは変やぞ」

「何が変なんじゃ？」

「そやかてあれ、角が無いやないか」

「お婆さん、ウマに角はあらへんのじゃで。そりゃウシじゃがな」

そういわれても、生まれて初めて見るウマに角が生えていないことがお婆さんにはどうしても納得ができなかったそうです。

力仕事を黙々とこなすのはウシの仕事だと思いこんでいたからですね。

人と共に働いた牛馬は死後丁寧に葬られました。村落には供養のための馬頭観音があちらこちらに立てられた事実からしても、いかに彼らが大事にされたかがわかります。

現代では牛馬を農耕に使うことはありません。機械化が進んだ農林業の現場では牛馬が労働力として関わる時代は大昔の話となりました。

ウシを育てる

農山村でウシの姿を見かける機会は減りました。酪農が盛んな北海道や各地の高原地帯でもウシを飼う人が減っています。他地域でも以前は酪農を行う農家が少なからずありましたが、この二十年で激減し、放置された牛舎が目立つようになりました。そのような環境の中で細々と続いているのが肉牛の繁殖です。牛乳生産のために飼われるウシと違い、命を投げ出して肉になるウシの一生を少し説明することにしましょう。

肉牛を育てる農家には二種類あります。子牛を産ませ一定期間育てるのが繁殖農家、その繁殖農家から買ったウシを大きく育てるのが肥育農家です。同じ肉牛を育てる畜産農家でも役割が違う分業制なのです。

【繁殖農家】

肉牛用の子牛を産ませるのが繁殖農家の大切な仕事です。この妊娠出産時に活躍するのが獣医さんです。肉牛も乳牛も自然交配で生まれることはほとんどありません。時期を見計らって計画的な出産をするために人工授精を行うのが普通なのです。

このとき冷凍保存された雄牛の精子を雌牛の子宮内に入れるのが獣医さんの大切な仕事になります。肉牛の場合は血統が肉質の決定に大きく影響すると考えられています。実際、松阪牛のような有名なブランド和牛の精子は高額で取り引きされています。時々偽物が出回って問題になることもあるくらいに価値があるのです。

受精に成功し、無事に生まれた子牛は母牛の乳を飲んですくすくと成長します。生まれて三ヶ月を過ぎると母乳以外にも飼料を徐々に食べるようになります。

大切な子牛の世話は大変気をつかう作業といえるでしょう。体重の増加や食べる餌の分量、体のツヤなどをしっかり見て健康管理に気を付けねばなりません。これは人の子育てとまったく変わらないのです。

こうして繁殖農家で八～十二ヶ月くらいのあいだ、子牛は大切に育てられます。生まれたときの体重が四〇キロ位だった子牛もこのあいだに二〇〇～三〇〇キロ程に成長するのです。わずかな期間に随分と大きくなります。あとは丹誠込めて育てたウシを定期的に行われる市場に持って行けば繁殖農家の仕事はそこで終了となります。

出産時からずっと手を掛けられて可愛がられた子牛は繁殖農家の人にも慣れています。ですから別れは大変辛いものです。これは今も昔も変わりがありません。世界中で歌い継がれてきた『ドナドナ』の歌詞には親しいものとの別れという普遍的な悲しみが込められているのでしょう。

「可愛い子牛、売られてゆくよ　悲しそうな瞳でみているよ　ドナドナドナドーナドーナ子牛を乗せて　ドナドナドナドーナドーナ　荷馬車が揺れる」（安井かずみ訳）

子牛の市場での売買は競りで行われます。あらかじめ配布される資料で血統などを調べ実際のウシの状態を見ながら肥育農家が競り落とすのですが、このときの価格は約五十〜百万円とかなりばらつきがあります。当然繁殖農家は高く売りたい、しかし肥育農家は安く買いたい。同じウシを育てる農家でもここでは利害関係がぶつかるわけです。

【肥育農家】

肥育農家の仕事は文字通りウシを大きく育てることです。競り市で購入した小牛を約二十ヶ月（地域によっては三十ヶ月）掛けて七〇〇キロ程度にまで成長させます。肉牛として生育されるのはメスと去勢されたオスで、各地の繁殖農家まで遠路はるばる運ばれて行きます。よく高速道路で見かける黒いウシがたくさん乗ったトラックはこうした旅の途中なのです。

日本各地には様々な銘柄和牛が存在します。最も有名なものは三重県の松阪牛でしょう。それ以外にも但馬(たじま)牛、神戸牛、米沢牛、能登(のと)牛など全国各地に銘柄和牛が存在しています。これらのウシは実は名称が付いた場所で生まれていない場合がほとんどなのです。名の知れた銘柄牛も元は全国各地の繁殖農家から買い付けたウシです。それを最終的に育てる肥育農家のある地域名を冠にして銘柄で呼ばれているのです。例えば、ある

肥育されるウシ

ウシは長野県生まれで三重県松阪市育ちの松阪牛という風になります。

肥育期間、ウシはほとんど運動をしません。広々とした牧場を楽しく走り回ることなどないのです。運動をすれば筋肉が固くなり肉質が落ちるからです。かといって狭い牛舎の中でひたすら餌を食べ続けては肥満気味の不健康なウシになるだけ。この二律背反事項を上手く両立させて健やかで美味しい肉に仕上げるのが肥育農家の技術なのです。そのためにマッサージを施したり、ビールを飲ませたりと様々な工夫をして、少しでも価値の高いウシに仕上げようと知恵を絞ります。こうして出来上がった最高級の黒毛和牛は肉の芸術品とも呼ばれるそうですが、残念ながら食べたことがないので味はわかりません。

この恐ろしく手間の掛かる育て方がそのまま品質と価格に反映するのです。ここがオーストラリアのような広大な牧場であまり手間を掛けずに育てられる輸入牛との価格差につながっています。

銘柄和牛と国産牛

前述したように獣医さんから始まって繁殖農家、肥育農家、それぞれの努力の上に国産の肉牛が生産されています。充分に育ったウシはこのあと再び競りに掛けられて各地の解体施設へと運ばれ最終的な肉となるのです。

この一連の流れは肉牛についてですが、酪農用のウシもオスや子供を産まなくなったり、乳の出が悪くなったメスが肉として流通しています。銘柄和牛とは違う、国産牛の表示のみある肉がそれだと思えば間違いはないでしょう。

和牛とは単純にいえば昔から日本の国内で生産されていたウシのことです。明治以降、乳牛や種々の肉用牛が輸入されますが、それと区別するために和牛と呼ばれています。

和牛はその毛並みや形状によって黒毛和牛、褐毛和牛、無角和牛、日本短角種に分類されます。この中で一番多く生産されているのが黒毛和牛なのです。

価格的にはこの黒毛和牛がかなりの高額で取引され、最高級品がA5ランクに位置づけられます。これは歩留等級（一頭の牛から商品となる肉がどれくらいの割合で取れるのかを数値化してランク付けしたものでAランクからCランクまである）と肉質等級（脂肪の入り具合、脂肪の質、肉の色ツヤ、光沢、肉の締まり具合などで細かくランク付けしたもの）を組み合わせたランク付けでA5からC1までの十五等級に分けられます。

銘柄黒毛和牛はさらに細かくランク付けされる場合もあります。しかし、A5の最高ランクの肉が必ずしも美味しく食べられるという保証をしているわけではありません。あくまでも肉として生産されたときの状態を表す評価であり、店や家で食べるところまでは含まれていないからです。

輸入牛

輸入牛にも産地国の機関が格付けした等級があり、それを元にバイヤーが買い付けています。我々が日常で見かける輸入牛はほぼアメリカ産かオーストラリア産です。一九九一年に牛肉の輸入が自由化される以前は輸入牛肉はほとんど国内に入って来ませんでした。海外旅行に行った人は現地で牛肉の安さに驚くのですが、持ち帰ることができません。そこでお土産として多く買われたのがビーフジャーキーだったのです。薄くて固い、濃い味付けの干し肉はお世辞にも美味しいとは言い難い代物でしたが、外国産牛肉が珍しい時代はそれなりのステータスを確保していました。もらうと結構嬉しく感じたものです。

まだ高かった海外産ウイスキーとこのビーフジャーキーが海外旅行のお土産の双璧だった時代は遥か昔の話となりました。余談ですが先述した『サザエさん』にも「ジョニ黒」と呼ばれたウイスキーが海外土産の代名詞として何度も登場しています。

牛肉の輸入が制限された理由としては、国産より遥かに安い牛肉が大量に流れ込むと日本の畜産農家は壊滅するといわれたからでした。しかし丁寧な肥育から生み出される肉質の高さが逆に見直され、生き残りをはかる切っ掛けともなったのです。

では国産牛とアメリカ産牛、そしてオーストラリア産牛は一体何が違うのでしょうか。

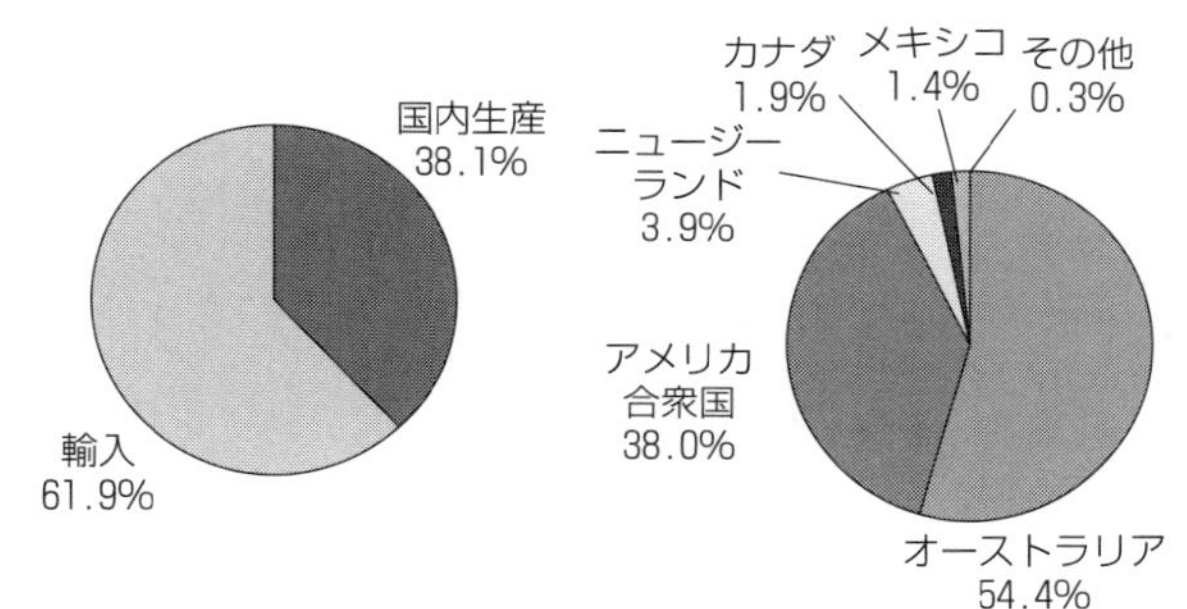

右グラフ：農林水産省「農林水産物輸出入概況」，左グラフ：農林水産省「食肉流通統計」，財務省「貿易統計」より作成

まず最初にウシの成育について説明したいと思います。

肉牛は生まれてから約三十ヶ月の人生ならぬ牛生です。それに比べるとブタは約六ヶ月、ニワトリは半年、つまりウシは生まれてから食用にされるまでの期間が極めて長いといえます。また一頭のメスから一年に生まれる子供の数を平均すると、ウシは〇・九頭、ブタが二十頭、そしてニワトリは二百二十五羽。ウシは生まれる数も一段と少ないのです。

さらに体重を一キロ増やすのに必要なカロリーを穀物換算するとブタが三キロ程度、ニワトリが二キロ程度なのに比べウシは何と十一キロも必要になります。つまり手間暇掛けてたくさんの飼料を与えてもブタやニワトリより得られる肉の量が遥かに少なく歩留まりが非常に悪いのが牛肉だといえるのです。

それでも美味しいので消費されますが、値段はブタやニワトリよりも高くなるのはこういう理由からです。特に日本ではウシの餌となる穀物飼料はほぼ百パーセント輸入に頼っています。また畜産農家の規模が小さく合理化は進みません。

それに比べるとアメリカでは餌は国産（アメリカ産）、おまけに広大な牧場でたくさんのウシを飼育する方式なので一頭当たりの飼育費を桁違いに安く抑えることができるのです。

オーストラリア産牛肉も広大な牧場で飼育されたウシですが、アメリカ産とは餌が違います。穀物中心の餌で肥育期間が短いアメリカ産牛に対してオーストラリア産牛は牧草中心で肥育期間が長めです。この育て方は肉に含まれる脂の違いに直結します。アメリカ産牛の方が脂身が多く入るのに対してオーストラリア産牛は少なめ。例えればマグロの赤身とトロのような感覚でしょうか。その例でいえば日本の霜降り牛肉は超大トロといえるでしょう。

この大トロ状態にするのが日本独自の技術であり、きめ細かな餌の配合で作り上げる肉は芸術品とされています。赤身で歯ごたえのあるオーストラリア産牛よりもアメリカ産牛の方が人気があるのは霜降り信仰とまでいわれる日本人の嗜好(しこう)のせいでしょう。しかし、そのアメリカ産牛が入らなかった時期がありました。

肥育の効率化と狂牛病

二〇〇〇年代初め、ＢＳＥや狂牛病といわれるウシに発症する伝染性の疾患が世界的な問題となり、一時期輸入牛肉はオーストラリア産が主流となったのです。その後危険部位（脊髄や神経部位など）を除くことが条件でアメリカ、その他の地域からの輸入は再開されます。しかし狂牛病の仕組みが完全に解明されたり、克服されたわけではありませんでした。

狂牛病発症に関する最も有力な説はプリオンというタンパク質が原因だとするものです。狂牛病は正式名称を〝牛海綿状脳症〟といわれるように、脳が海綿（スポンジ）状にすかすかになり動けなくなってしまう恐ろしい病気です。最初は人間には感染しないと考えられていましたが、かなり疑わしい例が相次いだことから監視体制が厳しくなりました。現在では危険部位（脳や脊髄など）を安全に除去した牛肉のみが輸入を許可されています。

では次にこのような病気がなぜ広がったのかについてお話しします。狂牛病は自然界にもともと存在する病気です。それ自体は不可思議なことではありませんでした。狂牛病にかかったウシの危険部位を食べた人や肉食獣への感染が指摘されている病気でもあります。それがなぜ繁殖牛に広がったのか？　その大きな原因はウシの生育期間にありました。

先に述べたようにウシはブタやニワトリに比べると遥かに長い生育期間が必要です。この期間が短くなればなるほど肥育農家は出荷の回数を物理的に増やせます。つまりより多くの利益を得ることが可能となるのです。そこで目を付けたのが餌です。より高カロリーで高タンパクの餌を与えれば当然生育は良くなりますが、それを実現しようとすると高価な餌にしなければなりません。経費を増やしてまで少々肥育期間を短くしたところでメリットはないのです。

この問題を解決したのが今まで流通の過程でほとんど捨てていたウシの脳や脊髄、そして骨でした。これらを混ぜ合わせて砕いた栄養価の高い肉骨粉を、従来の餌に混ぜてウシに食べさせる肥育方法が確立されました。捨てる部位を有効活用することでウシの生育期間短縮につながる画期的な畜産技術だと考えられたのです。

しかし、よく考えてみると不思議な話ではありませんか？　ウシは草食動物です。そのウシに動物性タンパク質を食べさせる、それも同じウシの！　これは共食い（ともぐい）ではありませんか。

本来自然界では共食いは珍しい行為ではありません。身近にいる仲間こそ身近な餌でもあるのです。例えば渓流に潜む巨大なイワナは仲間を食べてより大きくなったのです。自分の体と同じ組成の仲間を食べることこそ手早く成長する理由なのかもしれません。

ブタやニワトリは本来雑食性の生物なのでブタに豚肉をニワトリに鶏肉を食べさせてもさほど問題はありません。しかしウシのような草食動物に共食いを強いることにはかなり違和感を覚えます。それが直接の原因で狂牛病が発生したわけではありませんが、異常プリオンを持ったウシ由来の肉骨粉が飼料に混入したことで、狂牛病が多くのウシに広がったと考えられています。やはり生物は本来の姿からあまり遠ざけない方が良いということなのでしょう。

ウシについて出産から繁殖そして流通事情を見ていきました。次にその他の畜産肉について調べていきたいと思います。

ブタ

ブタはたくさん子供を産むので肉を生産するには適した生き物です。多いと一年に二回出産することも可能でその場合、一年で二十頭以上の子豚がこの世に現れます。この子豚たちが約半年で一〇〇〜一二〇キロに成長するのです。

生まれた時の体重が一・二〜一・四キロ程度ですから短期間に約百倍に太る驚異的なスピードです。そこから半年すれば最初の出産が可能なので、ネズミ算式ならぬブタ算式にどんどん増える優れた畜産動物だといえるでしょう。さらに雑食性で何でもどん欲に食べます。植物性でも動物性でもかまわずに食べる姿は昔からあまり良い例えには使われていません。〝ブタのように〟と付けばそれは決して褒め言葉ではなかったのです。

中国や沖縄では古くから肉食用として飼育され残飯や人糞も餌として利用されました。その名も豚便所と呼ばれトイレの下がブタの飼育場になっていたのです。実は人糞は栄養価が高く魚の餌にしたり肥料にしたりと昔の人達は賢く使っていました。最近はそのような人糞利用方法はほとんどなくなりました。しかし、ある一定の年齢以上の人たちは野山で肥だめに落ちた経験のある人が少なくありません。

肥だめは人糞を肥料にするために発酵させる仕組みで田畑の横に埋められていました。表面がかちかちに固まり、ほとんど地面のようなのでわざわざその上に乗って落ちるという馬鹿げたことをする子供が少なからずいたのです。落ちたあとは大変な事態となりましたが……。

人間の生活環境に合わせた飼育法で育つブタは古来より重宝されてきました。ブタは蹄と鳴き声以外、全部食べられるといわれる程に利用価値が高いうえに、皮はピッグスキンとして工芸品の材料にもなるのです。

ヨーロッパの農家では冬を迎える前に飼っているブタを一頭潰して塩漬けやハム、ベーコン、ソーセージなど様々な食用加工品を作る地域があります。以前テレビ番組でこの様子を見ましたが、親子四人が丸二日掛かりでブタを屠り、解体して様々な部位ごとに分け、血や内臓を使ってゼリー寄せのような加工品を作るさまは実に見事でした。

日本では近代になって食肉用のブタが入った経緯もあり、さすがにここまで一軒の農家がブタを活用する技術はありません。日本の農家が飼うブタは、ほぼ子豚生産用か肥育用に限られています。自家消費のためにブタを飼ったり、子豚を産まなくなった親豚を自分で潰すことはほとんどないのです。

昔の養豚業は「汚い」「臭い」と悪評が高く人家から離れた場所で行われていました。しかも風向きによっては、かなり離れたところまで独特の臭いが流れて来たのです。私も子供の頃、郊外にある養豚場を見に行ったことがありますが、あまりの悪臭に耐えかねた経験があります。今では汚水を河川に流すこともなく、また豚舎も清潔に保たれるようになって以前とはまったく違う養豚業に変わっています。

本来ブタは清潔好きといわれる生き物で、糞尿まみれの環境で飼育をしてきた人間のせいで汚い生き物と誤解された節があります。

ブタはユーモラスな見た目のためか、よく擬人化されたり『三匹の子豚』やその他アニメの主人公になったりもします。確かにその姿かたちはキャラクター的で、丸くて短い足が何とも可愛く見えるのです。ウシやニワトリにはない愛嬌が感じられる畜産動物かもしれません。

ニワトリ

ニワトリはどこの家でも簡単に飼うことができる非常に優れた家禽類です。それに比べるとウシやブタはとても農家以外の人が飼うことはできません。

ニワトリは元々卵を採るために庭先で飼う場合がほとんどです。鶏肉を食べるために飼うという人はあまりいませんでした。

飼育する場合、一羽の雄鶏に複数の雌鶏の組み合わせが普通で、毎日数個の卵を手に入れていました。これは受精卵で母鶏が温めればもちろんヒヨコが生まれます。これに対して、私たちがスーパーなどで普通に購入しているのは無精卵で温めてもヒヨコにはなりません。このようにニワトリは受精、無精、関係なく日々卵を産み出すことができる生物なのです。

ではなぜわざわざ雄鶏と雌雄を同時に庭先で飼育したのか？　それは子孫を残しながら絶えることなく採卵をしようという考えからだったのです。

鶏卵が貴重なタンパク源だった時代（昭和四十年代くらいまで）はこうして少しでも自給しようと考えました。この飼育方法で卵を孵化させ、ニワトリの数を増やすと、必ずある一定の割合で雄鶏が混じります。これに加えて卵を産まなくなった雌鶏が肉の対象になりました。

飼っていたニワトリを殺すことを〝絞める〟とか〝潰す〟といい、大抵は父親か爺さんの仕事でした。長年卵を産んでくれた雌鶏はペットのような感覚もあって、それは辛い行為なのですが滅多に食べられない肉が手に入ることは嬉しくもありました。

飼育しやすいニワトリ

子供の頃、飼っていたニワトリを潰して食べる経験を〝悲しくて食べられなかった〟という人もいれば、〝悲しかったけれど美味しかった〟と話す人もいます。この場合に食べたニワトリは若鶏ではありません。ニワトリとしての仕事を終えた、いわばご隠居さんのような存在なのです。

それに比べると普段私たちが食べているのは食肉用ニワトリの若鶏といって生後二ヶ月程度です。ニワトリは生後半年でほぼ大人になりますから、これはまだぴちぴちの子供といえるでしょう。しかし栄養価の高い配合飼料をたくさん食べて肉付きは大人と変わりありません。むしろ大人になると肉が固くなるので商品としては価値が下がるのです。ウシもブタもこの点は同じで、まだ子供のうちに肉として売られています。

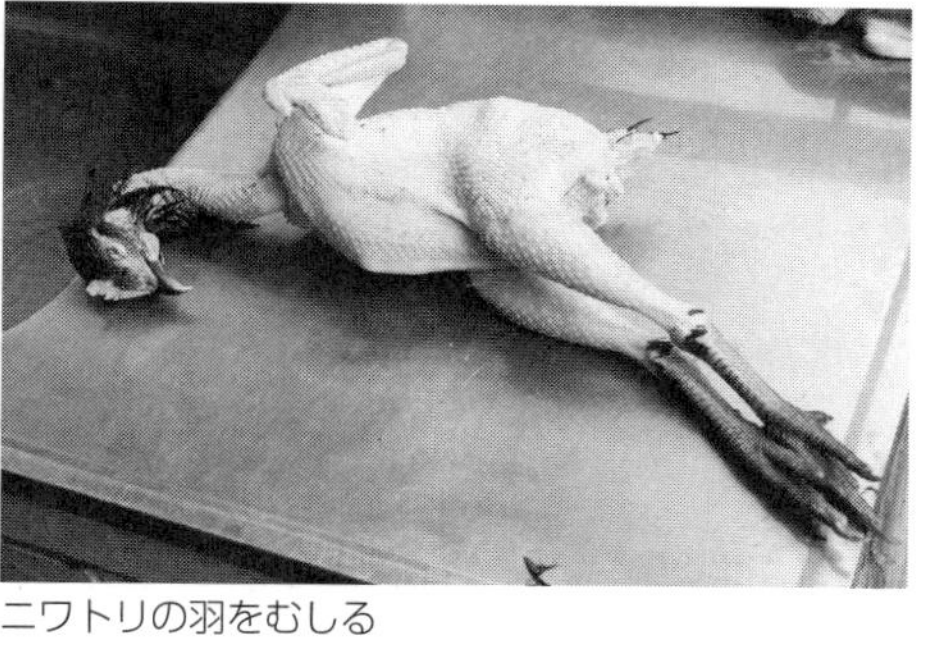
ニワトリの羽をむしる

卵を産まなくなったニワトリは俗に廃鶏（はいけい）と呼ばれます。たくさん卵を産んでもらってこの呼び名は酷（ひど）いと思いますね。この廃鶏は廃棄物ではもちろんありません。実は若鶏よりも味が良いのは成長したニワトリの方なのです。

ただし肉が固い、特に廃鶏と呼ばれるくらいになると、ほとんどゴムのような食感です。普通に焼いて食べることはほぼできません。しかしスープを取ると、味わい深く旨みの多いものができる極上の素材です。

ニワトリ以外にも皆さんは地鶏という呼び名を聞いたことがあるでしょう。いわゆる日本三大地鶏とは薩摩軍鶏（さつましゃも）、名古屋コーチン、比内地鶏といわれています。運動場のような広々したところで飼うニワトリを地鶏と勘違いしている人が多いのですがそうではありません。地域固有の種類という意味で地鶏と呼ばれているのです。

これら地鶏は格別に味が良いことで知られ、かなり高額で取引されています。味が良い理由のひとつは生育期間が長いことにあります。先に述べたように普通の鶏が二ヶ月程度の生育期間で出荷されるのに対して、比内地鶏などはメスで百五十日以上、オスで百日以上飼育しなければなりません。ほとんど親鳥になる手前まで飼育するのです。この方法は単純に考えても手間が二、三倍掛かるわけですから、そのぶん価格が高くなるのは当然のことです。しかしそこに付け込んだ偽地鶏が多く出回っているのです。

例えば比内地鶏の関連商品では、先程述べた廃鶏を使った偽物が摘発されたことがありました。正直にいうとこれが本物と区別が付く人はあまりいないと思います。それ程に普通のニワトリでも親鳥になると味が良いということです。

庭で飼うからニワトリですが、庭がなくとも簡単に飼えるのがニワトリの最大の利点です。下町の建て込んだ地域や路地裏の一角でも手作りの小さな鶏小屋を置き、そこで残飯を食べさせる。たまに放してミミズや昆虫類などのタンパク源を自足させていました。このような光景は昭和四十年代まではあちこちで見かけるありふれた光景だったのです。

卵を産むのがニワトリの大切な仕事

もちろん雌鶏だけでも卵は産みますが、雄鶏を入れて有精卵を得ることはこの卵を得るためのシステムを持続させるためには不可欠でした。その結果、あたり一面に雄鶏の時の声が〝コケコッコ〜〟と一日中響き渡るのです。〝時の声〟と書きましたが、何も雄鶏は夜明けを知らせるためだけに鳴くわけではありません。深夜でも目が覚めると大声で鳴きわめき、真っ昼間でも鳴きわめく実に騒々しい存在なのです。

騒々しいだけでなく雄鶏はときとして凶暴な一面も持ち合わせています。たまたま路地で顔を合わせた大きな雄鶏に追い回された経験のある人は結構いるはずです……。少なくとも私にはあります。目をかっと見開き、大きく羽を広げて襲い来る雄鶏はかなり怖い存在でした。

ヒツジ、ヤギ、ウマ

ウシ、ブタ、ニワトリが家庭でよく食べられる三大肉とすれば、ヒツジやヤギそしてウマは珍しい肉といえるでしょう。しかし、これらの肉は地域によってはよく食べる、なじみの食材でもあるのです。例えば羊肉は北海道ではジンギスカンの材料として非常にポピュラーなものです。

この羊肉は大人の肉であるマトンと子供の肉であるラムの二種類に分かれます。マトンは独特の臭みがあり、一般的にはラムの方が好まれる傾向にあるでしょう。しかし、臭みのあるマトンこそ本当のヒツジの味だと好んで食べる人も少なからずいます。

現在、スーパーでは食べやすいラム肉すらあまりお目に掛かることがありません。ましてやマトンはほとんど販売されていないのが実情です。私が子供の頃はまだマトンを売っていましたから、いつの間にか食卓から消えてしまった肉なのでしょう。

本土ではほとんど食べないヤギ肉は沖縄ではヒージャーとして祝い事には欠かせません。また暑い夏場を乗り切るためのスタミナ食としても認知されています。これも食べ慣れない人にはかなり癖のある強烈な肉です。

ヤギ

ヒツジもヤギも配合飼料ではなく野山や道端の草を食べて成長します。特にヤギは草なら何でも大量に食べるため、除草用として飼う場合が多いくらいです。ほったらかしでも勝手に成長する生命力の持ち主で、無人島でも繁殖してあらかた植物を食い尽くした例があります。実に効率的な食肉用の動物だと思えますが、なんといってもあの臭い、普及はしていません。

それに比べると馬肉は何の臭みもない美味しい肉で熊本や信州、そして東北の一部で盛んに食べられています。熊本や信州ではほぼ馬刺しとして生で食べられていますが、秋田県のマタギの里、阿仁(あに)地区ではもっぱら煮込み料理としてごく普通に夕食のお膳に載るのです。スーパーの肉売り場にも当然のように煮込み用の馬肉が売ってあるのは、この地域ならではの極めて珍しい光景です。

これらの肉は産地が近くにあるために食べられるようになった地産地消の結果かもしれません。しかし現在では羊肉はほとんどニュージーランド産ですし、馬肉もカナダなどからの輸入品が占めています。

それに比べるとヤギ肉は消費量が少ないので国産でまかなうことが可能です。長野県飯田市の伊那(いな)や愛知県の新城市、群馬県の渋川市では、ヤギ市が開かれ多くの人がヤギを求めて集まっています。

以前オーストラリア西部の港町フリーマントルで巨大な船を見たことがあります。フリーマントルは日本の南極観測船が最後に立ち寄る港町です。そこで見たタンカーのような巨大な船からは何やら鳴き声がして来るのです。

「めぇぇぇぇ〜、めぇぇぇぇぇ〜」

およそタンカーから聞こえて来る鳴き声ではありません。目を凝らして船の細部を見ると、細かな格子がびっしりと巡らされているではありませんか。はじめて見る不思議な造りの船。実は船の積み荷は全部生きたヒツジだったのです。妙な船もあるものだと地元の人に尋ねると、それは中東へ向かうヒツジ船だということが判明しました。食材としてのヒツジをオーストラリアから中東まで遠路はるばる運んでいるとは驚きました。

2　狩猟肉

肉を食べるためには、畜産農家が繁殖させた動物を専門の処理施設で解体したものを、スーパーなどで手に入れるのが普通です。一般的には前述したようにウシ、ブタ、ニワトリなどの畜産肉が手軽に入手できます。それ以外にも地区や店によっては馬肉やアイガモやダチョウ、ワニやウサギなどの変わった畜産肉を売っている場合もあります。この畜産肉については詳しく述べたので、次は狩猟で手に入れる肉について話したいと思います。

山間部に近い地域ではシカやイノシシ、クマなどの獣肉を置いた肉屋が珍しくありません。これらは繁殖させた動物の肉ではなく、野生の動物から得た肉です。野生の動物を狩猟という行為で捕獲して処理したものが提供されています。

しかし、ごく稀に何もしないで道を歩いているだけで肉が手に入る場合もあります。道路を横断していた獣が車にはねられたり、タカなどの猛禽類に追われた鳥が木にぶつかって落ちて来る。この場合死んでいればそれを拾って食べても法的な問題は生じないのです。これはほとんど『待ちぼうけ』の歌の世界ですね。

「待ちぼうけ、待ちぼうけ　ある日せっせと野良稼ぎ　そこへウサギが跳んで出て　ころりころげた木の根っこ」

天から肉が降って来ればこれほど楽なことはありません。とはいえ、それは非常に稀な話であまりに効率が悪い。そこで獣のすみかである山野に人間が入り込んで彼らを捕まえようというのが狩猟なのです。

罠にかかったシカ

狩猟を行うためには

皆さんは最近ニュースで「獣害」という言葉を見聞きしたことがありませんか？　本来山の中にいたシカやイノシシが人里に頻繁に現れて農作物を食い荒らす。また、山菜採りなどに出掛けた人がクマに襲われて負傷するといった状況が近年増えているのです。

こうした状況に対処するため国は狩猟者（ハンター）を増やし、獣を捕獲することで被害を少しでも防ごうとしています。

国内における狩猟行為はすべて環境省が監督する狩猟法（正式名称：鳥獣の保護及び管理並びに狩猟の適正化に関する法律）という法律の下に行わなければなりません。

狩猟法には獲物の種類、一日に捕獲可能な数、設置できる罠（わな）の種類や数、捕獲方法、期間など様々な定めがあり、それらを遵守することが義務づけられています。特に銃器を使用する猟に関しては警察との関係もあり簡単に参加できるものではありません。狩猟・採集とひとことでいわれますが、魚釣りや山菜採りとはまったく別次元の行為だといえるでしょう。

しかし、そこにある食べ物を何とか手にしたい、食べたい、という欲求は人間として当たり前のことです。最も単純な落とし穴による原始的な罠（現在国内では禁止）から、高性能のライフル銃による銃猟まで、人間は少しでも多くの肉を得るために知恵を絞って来たのです。

実際に狩猟を行うには様々な資格、免許が必要となります。狩猟そのものを行うための狩猟免許は各自治体、銃を所持するための許可は各地の公安委員会が課す非常に厳しい審査と試験をパスして取得する必要があります。

狩猟で得られる肉

狩猟免許の種類

網猟免許	網を使用する猟法	18歳以上で取得可能
わな猟免許	わなを使用する猟法	
第一種銃猟免許	銃器（装薬銃、空気銃）を使用する猟法	20歳以上で取得可能
第二種銃猟免許	空気銃を使用する猟法	

実際に狩猟を行うためには、出猟したい都道府県ごとに狩猟者登録をして、狩猟税を納める必要があります。狩猟者登録には狩猟免許が必要です。

狩猟で捕獲される獲物を皆さんはご存じでしょうか？　シカ（本州はホンシュウジカ、北海道はエゾシカ）やイノシシはよく知られた狩猟獣です。それ以外にもクマ（本州はツキノワグマ、北海道はヒグマ）が頭に浮かぶかもしれません。鳥類ではキジやカモ類くらいは思い出すでしょう。

俗にカモネギといわれるのは〝カモがネギ背負ってやって来る〟の略でカモ鍋の具材が一緒に簡単に手に入ることの例えから生まれた言葉です。そのほかにも〝一石二鳥〟や〝二兎を追う者は一兎をも得ず〟〝シカ追う猟師山を見ず〟などのことわざがすべて狩猟行為から生まれたことは明白です。

捕らえたカモ

また童謡でも「ウサギ追いし彼のやま」と歌われていますが、実際に戦後まもなくまで山里では小学校の授業中に裏山でウサギ狩りを行っています。生徒全員で山の上から大声を出してウサギを下方へ追い出し、そこに張った網に追い込むやり方です。こうして捕れたウサギは給食のカレーに貴重な肉として入れられたそうです。実際に自分たちで食べる食材を、自らの力で手に入れる楽しい経験ですが、今ではとても不可能な授業でしょう。このような経験があれば「ウサギ追いし」の歌詞を「ウサギ美味しい」と勘違いする人も少なかったのではないでしょうか。

獣肉は街で暮らす人には縁遠い食材です。イノシシは見た目がブタに似ているため何となく肉としてのイメージが湧くでしょう。しかしシカやクマとなるとまったく想像も付かないはずです。ましてやカラスやハト、タヌキやヌートリア、シマリスやアライグマも捕獲して食べることができるとは驚き以外の何物でもありません。もちろん食べて美味しいのかどうかは別問題ですが。

また地域限定ではありますが特別天然記念物のニホンカモシカも有害駆除という形式で捕獲されているのです。特別天然記念物を狩猟で捕獲して良いの？　と思われるかもしれませんが、これは特定地域で増え過ぎて林業被害が多く発生しているからです。もちろん、特別の措置であり、限られた地域だけで行われています。では次に狩猟動物について説明したいと思います。

ツキノワグマ

クマ

クマは日本最大の獣で猛獣として知られています。特に北海道のヒグマは体が大きく、過去には五〇〇キロを超える個体が捕獲された例がありました。

北海道以南の本州にはツキノワグマが生息しています（九州は絶滅が確定）。これは大きくても一五〇キロ程度で一般的なサイズは六〇～八〇キロとヒグマに比べるとかなり小振りです。性格もヒグマより遥かに大人しく、森の中で行動するため、あまりその姿を見かけることがありません。河原で遡上するサケを捕るヒグマとは違い、人目に付きやすい開けた場所にあまり出てこない臆病な生き物なのです。ただし攻撃力は随一ですから本気で向かって来られたら人間はひとたまりもありません。

ツキノワグマは大人しいといいましたが例外はあります。人に個性があるようにクマにも個性があって、非常に攻撃的なクマもいるのです。

秋田県では二〇一六年五月から六月にかけて四名の人がツキノワグマに襲われて亡くなるという前代未聞の事件が起きました。「スーパーK」と呼ばれたこのツキノワグマは研究者の想像を遥かに超えた怪物だったのです。もちろん普通のツキノワグマは臆病で人間の気配を察知すると先に逃げだすのが一般的で、それほど恐れる必要はありません。しかしこのクマはどうやら人間を食料だと認識したらしく狙って襲ったらしいのです。

北海道では開拓以来多くの人がヒグマに襲われました。中でも一九一五年の三毛別(さんけべつ)事件では七人が襲われて亡くなりました。犠牲者の多くが食べられてしまうという衝撃的な事件で、ヒグマの恐ろしさを国内に知らしめたのです。また一九七〇年には福岡大学のワンダーフォーゲル部員三人がやはりヒグマに執拗(しつよう)に狙われてその結果命を落としています。ヒグマにとっては人間は単なる肉なのかもしれません。

三毛別の事件は開拓村が襲われ、福岡大学の事件は登山者が襲われました。明治以前、北海道は少数のアイヌの人が住む自然の宝庫であり、そこでクマは自由に暮らしていたのです。その地に多くの和人が開拓者として入り、森を切り開き入植しました。森の王

ツキノワグマを解体する

者だったヒグマの聖域に多くの人間が入り込むことで起きた事件は、ある意味当然の帰結なのでしょう。

日本で最も多く捕獲されるクマはツキノワグマなので、これに限定して話を進めたいと思います。

本州に多く生息するツキノワグマはブナやナラ類が多い森に住んでいます。日本では四国山地の一部、中国山地の一部、紀伊(きい)半島の一部、中部地方から関東、それ以北の山間部が主な生息地です。特に東北地方には数が多く、昔から地元民には大切な獲物とされています。秋田県を中心にしたマタギたちは、肉以外にも血や胆(たん)嚢(のう)などを薬に加工して売り歩く行商を行いました。狩猟によって手に入れた獣が雪深い山村に経済的な恩恵をもたらしたのです。

ツキノワグマの肉質は季節によって大きく変化します。これは配合飼料を主に食べている畜産動物と野生動物の違いそのものです。肉は食べる餌によってその質が変わるわけですから当然といえば当然でしょう。特にクマは冬眠をする動物なので肉質の差が顕著に表れるのです。

冬眠とは一種の仮死状態であり、そのまま四ヶ月程を山中の穴の中で過ごします。それに備えてエネルギーを蓄えた秋熊（冬眠前のクマ）とエネルギーを使い切って穴から出てくるツキノワグマの肉体は、ほとんど別物といえるでしょう。

また冬眠前に食べる餌の違いでも差が生じます。ブナ類が豊作の年のツキノワグマは皮下脂肪がほぼブナの実から作られています。この時の脂は大変に融点が低く常温下で固まることはありません。さらさらした実にあっさりとした脂です。それに対してブナ類が不作で、その他の餌で賄った脂は常温下で真っ白に固まるのです。ドングリを主食としたツキノワグマの内臓はドングリのアクで紫色に染まります。しかしこれが独特の味わいでなかなか美味しいモツ（ホルモン）料理になるのです。

ツキノワグマは基本的に雑食性で山菜類から木の実、果実、昆虫と幅広く食べて生きています。頻繁ではありませんが、カモシカを襲って食べることも確認されています。雑食が盛んな時期は肉の味はあまり良くありません。やはり冬眠前にブナやドングリを大量に食べる頃が猟師には一番喜ばれます。

肉質としては非常に筋肉質で固いのが特徴です。薄切りにして煮込むか圧力を掛けて柔らかく調理しないと快適には食べられません。地域によっては冬眠あけのクマを刺身で食べるところもありますが、これはかなり危険な行為といわざるをえません。クマに限らず野生獣の肉には様々な菌や寄生虫がいるので生食は場合によっては命を落とす危険があるのです。じっくりと火に掛けて柔らかくなるまで煮込んで食べる方が無難でしょう。

クマの肉

クマを最も多く捕獲してきた秋田県の阿仁マタギ達は、クマを三種類の鍋料理で食べています。まずは肉の鍋、これは前後の脚回りに付く肉をメインに、大根とゼンマイを入れて煮た料理です。地域や家庭によっては、かさを増やすために白菜やキノコを入れたりもしますが本来の味が薄くなるという人もいます。肉は軟らかくなるまでぐつぐつ煮込むわけではないので、かなりの歯ごたえがあります。

それから骨鍋です。骨からは良い出汁が出るうえに、結構肉が付いているのでお得な感じがする料理です。やはり大根を入れて一緒に煮込んで骨に齧り付きながら食べる豪快な食べ方がぴったり。これもかなり固めで歯が弱い人は食べられないでしょう。骨の髄をすするのは熊の野生の力まで得るような感じがします。

クマ肉の煮込み

もうひとつは内臓の煮込み、つまりモツ煮込みです。いずれの鍋も味噌と醤油と酒と砂糖で味付けしたシンプルな日本料理といえるでしょう。味付けが単純な分、ツキノワグマの味を堪能できるのではないでしょうか。

肉と皮のあいだに付いた真っ白な脂肪は丁寧にこそぎ落として集めます。これをフライパンで熱して溶けた物を瓶詰めにして保管するのです。この熊脂は火傷や切り傷の薬として各家庭で重宝されました。また売薬でも人気の妙薬でした。脂身そのものももちろん食べられます。なかなか味は良いのですが食べるのは少量に留めておかないと大変です。翌日はてきめんにお腹が下ることうけあい、見方を変えれば優れた便秘薬といえなくもありませんが。

古のマタギたちは、手に入れたツキノワグマの肉を囲炉裏端で半生に干して保存しました。それを囲炉裏に掛けた鍋に入れて食べたのです。今では家の中心に囲炉裏があるマタギ家はまったくありません。昔ながらの肉料理は薪ストーブかガスコンロの上でコトコトと煮込まれているのです。

危険な山でマタギたちが命がけで捕って来るツキノワグマは、厳しい自然の中で生きる人たちの大切な資源となりました。

シカ

シカは奈良などの一部地域では神の使いとして大切に保護されてきました。当然、狩猟対象ではありません。そのため奈良公園のシカは悠々と道を闊歩し、まったく人を恐れず世界的にも珍しい光景として外国人観光客に大変人気があります。

上方落語の「鹿政談」は奈良で誤ってシカを殺してしまった豆腐屋を救う奉行の噺(はなし)です（当時は故意であれ過失であれ奈良でシカを殺した者は死罪を免れなかった）。シカがいかに人に近い存在だったのかが良くわかる噺です。

狩猟でシカを捕っていた地域でも、白鹿は神の使いと考えられ撃たれることはありませんでした。シカは土器にその狩猟の様子が描かれた程に古来からポピュラーな獲物です。全国各地で盛んに捕獲され肉のみならず、皮や角などが武具や様々な工芸品の材料として利用されたのです。

北海道には体が大きなエゾシカ、また本州にはホンシュウジカやニホンカモシカ、小型のキョンなどが生息しています。中でもニホンカモシカは雪深い山間部でも活動できます。マタギをはじめとする北国の猟師たちは、山の中でニホンカモシカを谷間に追いつめ、深い雪に埋

奈良公園のシカ

もれて進退窮まったところをマタギベラという道具で殴り殺して手に入れました。

ただし、カモシカは実はシカの仲間ではありません。ホンシュウジカはシカ科ですがカモシカはウシ科に属しているのです。つまりヤギやウシの仲間なのです。ですからホンシュウジカのように角が枝分かれしません。ウシのような短い一本角なのです。肉質もウシによく似ているらしく、食べたことのあるお年寄りの感想では「非常に美味い！」ということです。もちろん私は食べたことがありません。

カモシカはシカではなくウシの仲間

このように、ほぼ日本全土でシカ狩りは行われて来ました。徹底的に戦う姿勢を崩さないイノシシやクマに比べるとシカは遥かに容易な相手だったといえるでしょう。大きな体で取れる肉の量も多い。そのうえ捕獲しやすいのですから大切な獲物だったのです。

シカ肉は血の気が多く脂肪分が少ないのが特徴です。つまり赤身の肉ですね。昔なが

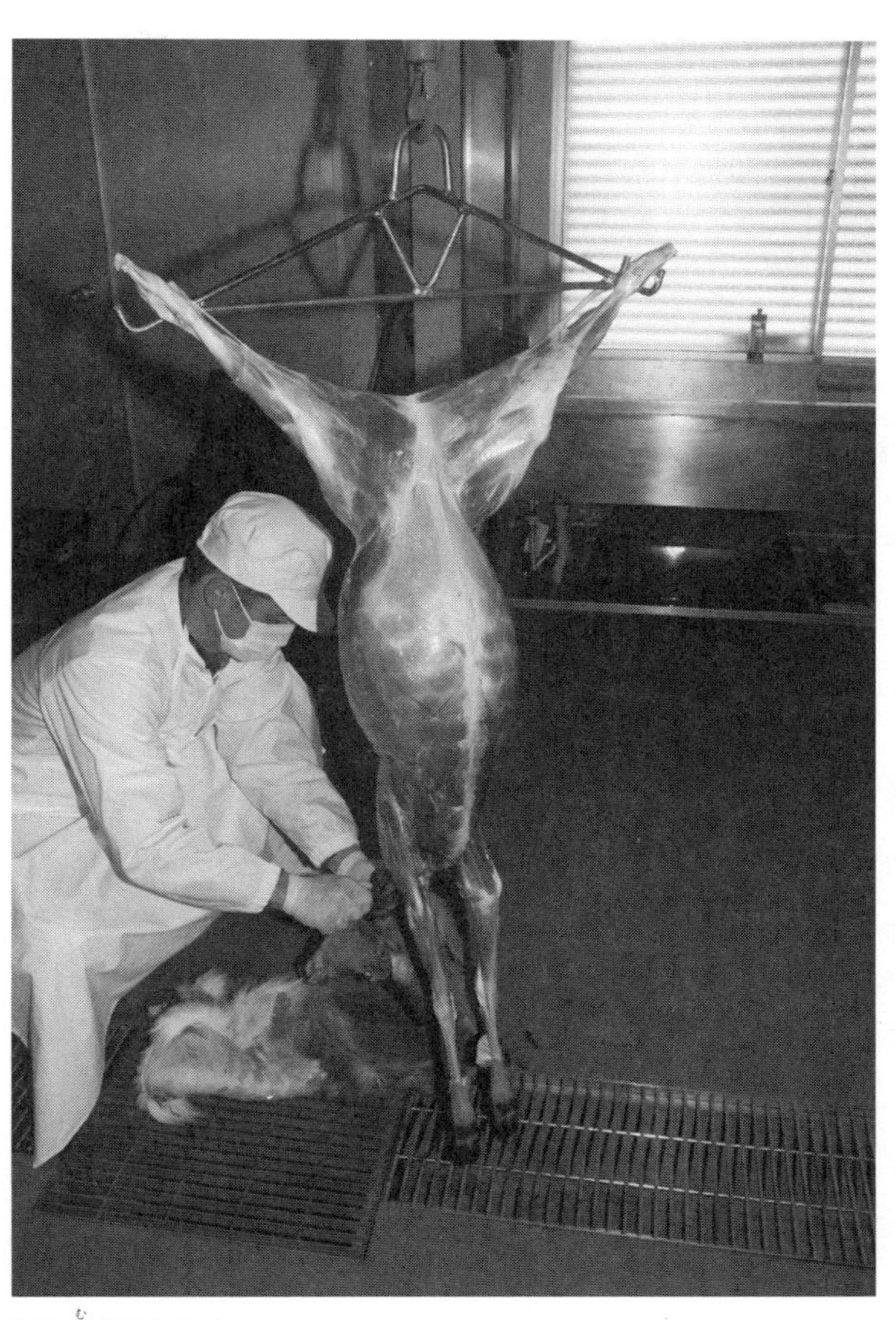

皮を剝かれたシカ

らの猟師はイノシシは喜んで捕りますが、シカにはあまりやる気が出ないようです。その最大の理由が脂身の少なさにあります。

猟期である冬場はイノシシに脂が乗り、食材として最高だと考える人が圧倒的に多いのです。確かにイノシシの体の回りにびっしりと付いた脂は旨味があって魅力的です。マグロのトロ部分と同じように喜ばれます。それに比べるとシカの赤身はさっぱりして物足りなく感じるのでしょう。とくに寒い冬場はこってり系が好まれるのです。

しかし、赤身のシカ肉はこってり系ではありませんが、鉄分やビタミン類が豊富で、体に優しい健康的な肉だともいえます。確かに食材としてみると、一鍋で煮込む日本の伝統的な料理にはあまり向きません。煮込めばひたすら固くなるため食べにくいからです。

ところが、モモ肉や肩ロース、背ロースといった部位ごとに適した調理法はイノシシよりもバリエーションが豊富で、決してつまらない肉ではないのです。それなのにイノシシ偏重の猟師たちは捕れたシカを嫌がって山に捨ててくる人も珍しくはありません。これは実にもったいない話なのです。

シカにも旬があります。大体は六月頃から九月にかけてで、この頃は身に脂が乗って肉の味が良くなるのです。初冬にたっぷりと皮下脂肪を蓄えるイノシシとは正反対なのです。夏場はシカの繁殖期で子孫を残すための競争に備えて体を大きくすると考えられています。

丁度、シカの旬が猟期ではないためにあまり肉質の良さが知られることはありませんでした。それがシカ肉嫌いの原因ではなかったかと思われます。つまり食わず嫌い、最近は有害駆除で旬のシカが捕獲されて食される場合もあり、その美味さが再発見されています。

フレンチやイタリアンでは最高級のジビエ料理として扱われるシカ肉を山に捨てるのは、やはりもったいない話だと思います。先にシカ肉嫌いといいましたが、そんな年配猟師でも好きなシカ肉料理がひとつあります。それは刺身です。背ロースと呼ばれる部位を刺身で食べる、つまり生食ですね。これは加熱していないから当然柔らかく、かつ味が良いために好まれています。確かに柔らかい中にも適度な歯ごたえが

鹿肉を使ったジビエ料理

あり、湧き出る旨みが実に素晴らしいのです。

しかし、生食は解体処理がまずいととんでもない目に遭う恐ろしい食べ方なのです。シカやウシの内臓には細菌が多く生息しています。加熱すれば何ら問題はありませんが、それが不完全であったり、まったくの生で食べると細菌性の食中毒に冒される危険が非常に高いのです。

シカ刺しによる死亡事故は幸い起きていないようですが、毎年猟期のはじめにはこれに当たってのたうち回る猟師が全国に大勢いるのです。かくいう私もある地区で出された背ロースの刺身で大変な目に遭いました。そのときは食べた猟師のほとんどが一晩中トイレと寝室の往復をしていたのです。

刺身好きな国民性のなせる業でしょうか。日本人は新鮮＝贅沢（ぜいたく）＝刺身（生食）という図式がすぐに浮かぶようです。海の魚ならばそう問題はありません（アジ、サバ類にはアニサキスが寄生している可能性が高い）が、淡水魚でも同様に食べる傾向があります。イワナ、ヤマメなどの渓流魚以外にも、サワガニや用水路のフナも新鮮なものは生で食べる人がいるのです。これは実に危険なことで、実際にサクラマスの刺身が原因で死亡した人を知っています。死なないまでも寄生虫や肝炎に冒される危険性が極めて高いことを知るべきです。肉は魚類の比ではないくらいにリスクが高い食材で、生食は極力避けるべきです。特に野生獣となれば絶対に止めるべきだと思います。

二〇一一年、北陸地方を中心にした食中毒事件が起こりました。死者五名、重傷者二十名以上という稀に見る惨事です。原因は生で食べる牛肉ユッケでした。本来は手間暇掛けて生食用に加工するべきなのに、それをせずお客さんに提供したのです。この事件以降、生食を取りやめた飲食店が続出しました。しかし、昔ながらの猟師たちがシカの生食を止めた話は聞いたことがありません。これは決してシカの生食が安全なのではなく、単に運が良いだけの話なのです。皆さんも、もしシカの刺身をすすめられたら必ず断ってください。

イノシシ

イノシシはその姿からしておわかりのようにブタの仲間です。いや仲間というよりブタの先祖といった方が妥当かもしれません。多産で肉が美味しいイノシシや野豚類を家

イノシシ

畜化したのがブタなのですから。
元々ブタの仲間は暖かな地方に多く、南方のジャングルにも野豚が生息しています。これを地元の人が蒸し焼きにして食べるのがハレの日のご馳走なのです。また寒い地域でも生息は可能で、ヨーロッパイノシシは四〇〇キロにも成長し、過去最高は五〇〇キロを超える、まさにヌシのような巨軀が記録に残っています。多くの肉が得られるためにヨーロッパでも人気の狩猟獣です。
日本では一九七〇年代頃までイノシシの北限は栃木県とされていました。今では青森県まで達しているといわれますが、そこで繁殖をしているのかは定かではありません。実際に東北地方で捕獲されたり目撃される例は確実に増えているようです。温暖化がイノシシの活動範囲を広げていると考えて間違いはないでしょう。
日本海側において雪の多い山間部には今でもイノシシがいません。寒冷地にも強いはずのイノシシが、なぜ日本全国で繁殖できないのでしょうか。それは日本特有の自然環境が影響していました。

日本は世界的にも有数の豪雪地帯を抱えています。特に日本海側の山間部では四メートルを超える積雪地帯は珍しくありません。この雪がイノシシの繁殖を阻むのです。

イノシシは基本的に春先に子供を産みます。その子がすぐに死んでしまうと秋口にも子供を産むことが可能で、非常に繁殖能力が高い生き物なのです。しかし、積雪が六十センチを超えると、その年に生まれたウリ坊（子供のイノシシ）は短足故に歩くこともままなりません。親が雪を掻き分けて強引に進むのに対して、ウリ坊は埋もれたままで死んでしまいます。こうして雪がイノシシの繁殖を抑えていたのです。ところが近年進む温暖化少雪傾向で冬を越すウリ坊が増え、今までイノシシがいなかった地域でも、その姿を多く見るようになりました。その結果、農業被害が広がりただでさえ過疎化高齢化で困っている地域が大変な状況に陥っています。

イノシシは作物を食い荒らすだけではありません。最も厄介なのはミミズや昆虫を狙って畑を掘り起こすことなのです。大雪の中でも平気でラッセルして進むくらいの力を

箱罠に掛かったイノシシ

持つイノシシにとって、畑の一枚くらい掘り起こすことなど朝飯前。耕耘機(こううんき)で耕したのかと思えるくらいの仕事をします。

これを防ぐために畑の周りをトタン板や網で囲ったり、電気牧柵（線に触れると感電する仕掛け）で寄せ付けないようにします。しかし、すべての田畑を完全に囲うことなどできるはずもないのです。

捕獲のために箱罠（餌で誘(おび)き寄せて捕まえる罠、大きなネズミ取りのような仕掛け）を設置する人もいますが、まず掛かりません。イノシシは非常に用心深く、嗅覚が優れているので罠で捕らえることは難しいのです。

イノシシはその容貌から何となく鈍いのでは

と思われがちですが、実際はまったく違います。走る速度は短足とは思えないほどに速く、また非常に戦闘的な生き物です。生き残るための戦いは最後まで諦めません。特にオスは鋭い牙を持ち、とても危険です。実際に毎年多くの猟犬がその牙に刺し貫かれて命を落としたり大怪我（おおけが）を負わされているのです。

人間も襲われて怪我をする人がたくさんいます。突っ込まれたときにナイフのような牙で太ももの動脈を切られ死にいたる大事故も少なからず起きています。実は野生獣による事故はクマよりもイノシシの方が遥かに多いのです。

イノシシの肉は古くから〝薬喰い〟と呼ばれて珍重されました。これはイノシシが山野で葛の根などの薬効の高い植物を多く食べることに由来しています。人の体に良い物を多く食べているから、その肉も体に良いに違いないというわけです。

実際にイノシシ肉に薬効があるのかはわかりませんが、特に冬場は寒さ対策もかねたボタン鍋が好まれました。これは薄切りにしたイノシシ肉をボタンの花びらのように並べることからその名称が付きました（37ページの写真参照）。特に関西を中心にイノシシ肉料理は人気があり、上方落語の「池田の猪買（しし）い」という噺ができるほどです。

関西から中部地方に掛けてはイノシシのことをシシと呼びます。このシシという呼び名は古来、肉の総称で実はシカ肉もシシの範疇に入っていたのです。その名残は東北のマタギたちに見ることができます。彼らは古くからニホンカモシカのことをアオジシと呼んでいます。青灰色に見えるニホンカモシカの体色からその名が付いたのでしょう。

イノシシはシカ同様に霊獣として扱われることもあります。奈良時代に僧の弓削道鏡が孝謙天皇の次の天皇の座を狙うという事件が起きました。道鏡が大分県の宇佐八幡から「自身が次の天皇になるべし」というご託宣を得たと主張したのです。これに対して、ご託宣の真意を確かめるために和気清麻呂が現地へと向かいますが、それを阻止しようと道鏡側が刺客を送り妨害を企てるのです。そのときに、どこからともなく現れたイノシシの集団が和気清麻呂一行を囲み守りました。こうして道鏡の野望は潰えたという伝承が残っています。

京都御所の側にある清麻呂を祀る護王神社では、多くのイノシシの像も祀られています。また、この神社では狛犬ではなく狛猪が阿吽のかたちで立っているのも特長です。シカにしても、イノシシにしても、神に関係する獣として扱いつつ単なる肉としても見ていたというのが面白いところですね。

ウサギ

ウサギも洋の東西を問わず、昔から食材として親しまれてきた肉です。フランス料理でもラパンと呼ばれて重宝される食材です。日本の場合は、そのほかの獣肉の食べ方と同じく一鍋で煮込むのが普通です。味付けは味噌と醤油と酒、そして砂糖のみを使う極めてシンプルなものです。一般的な和風煮物の味付けですが、ウサギ肉特有の風味がしっかりと味わえる料理です。

猟でウサギを捕るには銃を使う場合と罠を使う場合があります。ウサギを捕る罠は実に良くできています。構造はいたって簡単。細い針金で輪を作っただけの単純極まりないものなのです。それをウサギの通り道にぶら下げておくだけです。もちろんこのウサギの通り道を確実に見極めるのは簡単ではありません。こうして仕掛けられた輪の中を通り抜けようとウサギが体を突っ込むと、お腹が輪に引っかかる。当然、ウサギはそこから抜けようと前進しますが、その度に輪が締まって余計に逃げられなくなるのです。

ウサギが自らの力で罠から逃げられなくなるという良くできた仕組みなのです。

東北のマタギたちは巻き狩り（山の斜面の一角を囲い込み下からウサギを追い出し撃つ方法）でウサギを狩りました。以前は一度の巻き狩りで撃ちきれないくらいにウサギが出て来たとマタギたちは懐かしそうに話します。しかし近年はその数が激減しているそうです。私はこの三十年近くマタギたちと山へ入っています。実感としては、やはりウサギの足跡そのものが少なくなっていると思います。なぜウサギが減ったのか、その原因ははっきりしていません。

マタギによるとウサギの天敵であるキツネやテンが増加したからだそうです。ではなぜキツネやテンは増えたのか？

以前、マタギをはじめとする各地の山猟師たちが捕獲する獣は、肉以外に毛皮という商品価値の高い産物を生み出しました。キツネやテン、タヌキの毛皮は明治以降、高値で取引されたことから、それらの動物がたくさん捕獲されました。その結果、天敵の数が減り、ウサギがどんどん増えたらしいのです。このウサギが増えたことは深刻な林業被害を生み出す事態につながりました。

春先、杉の新芽をウサギが食い荒らす被害が激増したのです。これにより春の有害駆除の対象にされたことで、ウサギ狩りが猟期以外にも行われるようになったのです。これが思わぬ発見につながりました。冬場のウサギよりも春ウサギの方が遥かに美味しいということがわかったのです。これについては雪の中で木の皮や沢に残るコケ類などを食べる冬ウサギよりも、新芽をたらふく食べる春ウサギの方が脂が乗って美味くなるのだろうとマタギたちは結論づけています。

近年は毛皮の需要がほとんどなくなりました。安価な化学繊維の普及や動物愛護の運動が盛んになったからです。昔は軽くて汚れにくい毛皮が防寒具には欠かせませんでした。それがまったく売れなくなったため、猟期にキツネやテンを狙って山へ入る猟師はいなくなりました。その結果、キツネやテンの数が増え、ウサギが数多く捕食される結果につながったと考えられているのです。こうしてウサギの肉は珍しい食材になりつつあります。

さきほどウサギは銃か罠を使って捕獲するといいましたが、それ以外にも非常に珍しい猟法があります。伝統猟法でもある鷹狩り（たかがり）です。鷹狩りといってもタカを狩るのではありません。タカを使って獲物を捕獲する猟のことを鷹狩りというのです。平地では鷹狩りの獲物はカモなどの鳥類ですが、山ではウサギがメインの獲物となります。

皆さんもタカを腕に乗せて歩く鷹匠(たかじょう)の姿は覚えがあるのではないでしょうか。モンゴルの草原地帯にも鷹匠はいて、彼らは馬に乗って草原のキツネを狩っています。広大な大地を駿馬(しゅんめ)で疾走してキツネを狩るとは何とも美しい光景。場所が変われば獲物もその捕り方も当然変わるのです。しかし、タカと人間が気持ちをひとつにして猟をすることに違いはありません。

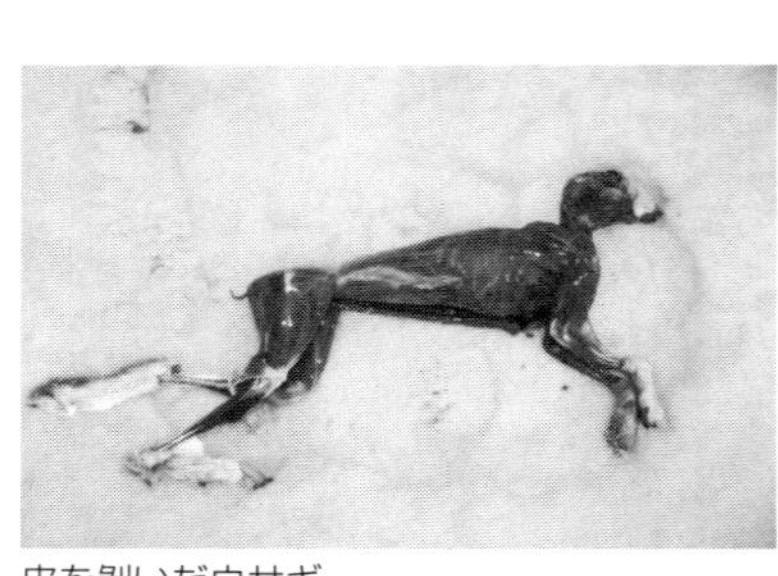

皮を剥いだウサギ

山形県の山中で鷹匠とウサギを追ったことがあります。遥か彼方の雪原に潜むウサギを誰よりも早く鷹匠が見つけ、それに向けてタカを放つ姿は素晴らしく格好の良いものでした。残念ながら、この日は三度タカを放ちましたがウサギは捕れませんでした。実際にウサギが捕れる確率は三割もないそうです。

こうして手に入れたウサギは解体して肉にします。ウサギというと小動物のイメージが強いのですが、野ウサギは意外に大きくて驚きます。仕留めてぶらんと伸びた体は頭から足先まで七〇センチもあるでしょうか。しかし、体重は二キロ程度しかありません。雪深い山の中をまるで飛ぶように駆けめぐることが可能なのは軽い体と強靭な筋肉の成せる業だったのです。

実際にウサギにはほとんど脂がありません。薄赤色の筋肉は後ろ足のモモ部分と背中の一部にあるのみです。骨はかなり細く、しかし非常に固いのが特徴です。

ウサギ肉の煮込み

ウサギは肉が少ないのでマタギたちは骨ごとぶつ切りにして鍋へ放り込みます。あとはいつもの煮込み料理。しかし、このとき内臓をどう使うかで集落ごとの差が生じています。ウサギの内臓は肛門に近づくほどコロコロの塊、つまりフンがかたち作られています。これは植物質で、冬場ですとクロモジの樹皮がその原料です。フンといっても悪臭はせず、ほぼ植物繊維なのでこれをそのまま鍋に入れる場合があるのです。フンを鍋に入れる！と思うかもしれませんが、これに慣れた地域の人たちはフンを入れないウサギ鍋はウサギの本当の味がしないといいます。フンを入れない地域の人は綺麗に腸を水洗いして入れるのです。彼らからすると「フンまで食べるなんて信じられない」というのです。ほぼ同じような地域にありながら集落ごとに料理の仕方がこうも違うものなのかと面白く感じました。もちろん私はフンを入れた料理と入れない料理を両方食べましたが、凄い違いがあるとは思えませんでした。

ワラダ

ウサギを捕獲する方法で非常にユニークで面白い猟法がもうひとつあります。それはワラダ投げといいます。これは文字通り藁で作った道具を使う珍しい猟です。

ワラダとは藁製の丸い大きな鍋敷きのような形状のものに、持ち手となる木製の棒を編み込んだ道具です。これを回転させて投げると風切り音がするのですが、これがタカの羽音に似ているらしいのです。

雪深い山へ入り、ウサギが隠れている穴の上空へワラダを投げるとタカだと勘違いしたウサギが穴の奥へと逃げ込みます。そこへ急行して穴の中へ手を突っ込んでウサギを生け捕るという何とも面白い猟です。雪の中からウサギを掘り出して捕まえるとは一体誰がこのような素晴らしいアイデアを思い付いたのでしょうか。感心します。

昔はどこのマタギ家にもワラダはありました。銃を持たない人でもウサギが捕れるのですから必需品だったのです。しかし現在、実際にワラダを使ってウサギを捕った経験のある人はほとんどいません。銃が普及してからは巻き狩りで一度に多くのウサギを捕る方が効率が良いからです。

タヌキ、アナグマ、ムジナ

日本人にとってタヌキはとても親しみを感じる動物です。昔話などではちょっと間抜けで憎めない、どことなくユーモラスな存在に描かれる場合がほとんどです。人を化かしても詰めが甘く大抵失敗をするのがタヌキのキャラクターとして浸透しています。

姿としては信楽焼（しがらきやき）のタヌキがそれを如実に表しています。箕笠（みのがさ）付けて、なぜかとっくりをぶら下げた姿は現実のタヌキとは似ても似つかないものです。このように身近で面白い存在だと感じつつも、実は昔から肉として広く認識されています。

これは民話などに、タヌキ汁にされる寸前で助けられたタヌキが恩返しをする話が多く見られることから伺えるでしょう。タヌキは間違いなく食べ物だったのです。ところが実際に各地の猟師に話を聞くと混乱することがありました。

ある猟師は「タヌキは美味いもんだ」といい、またある猟師は「タヌキは絶対に食べられない」といい、またまたある猟師は「雪の中に一週間埋めておけば食べられる」というのです。はて、なぜこれ程に猟師の言い分が違うのか……実に不思議です。

皆さんはタヌキを見たことがありますか？　動物園にはタヌキやキツネがいる場合がありますが、その檻（おり）に近づくとかなり強烈な臭いがします。これはシカやイノシシ、クマにはないきつめの体臭です。つまりこの臭いのする肉を食べねばならないということが最大の問題なのです。

東京都内には様々な獣肉を食べることのできる老舗（しにせ）料理屋がありますが、そこのタヌキ汁はかなり臭いことで有名です。そのことをある食通作家さんが「鼻が曲がる」と表現していました。「鼻が曲がる」程臭い肉を我慢して食べる必要があるのか疑問ですが、やはり昔話のタヌキ汁を食べてみたかったのだと思います。

「絶対に食べられない」

と断言する猟師は、この強烈な近寄りがたい臭いがするから無理だというのです。

「タヌキは美味いもんだ」

という猟師は冬場の脂の乗ったタヌキは問題ないといいます。ひょっとしたら脂が乗るとあの臭いが緩和されるのでしょうか。しかし食べる食べない以前の問題として、それはそもそもタヌキではないと指摘する猟師も多くいます。つまりタヌキではなくアナグマやハクビシンと間違えているのだと。

本物のタヌキは臭くて食べられないが、アナグマは美味しく食べられるからそれと間違えているというのです。確かに私はアナグマやハクビシンも食べました。臭みはまったくなく質の良い肉で大変に美味しかったのは事実です。しかしながら狩猟免許を持っている猟師がタヌキとアナグマとハクビシンを間違えるとは考えにくい。そんな1＋1

＝2程度の簡単な問題ができなくて狩猟免許が取れるとは思えないのです。

呼び名に関していうとさらに複雑な話になります。ある地区ではタヌキのことをムジナと呼称し、また別の地区ではアナグマのことをムジナと呼称するのです。同じ名称で別の違った生き物を呼ぶから混乱してしまうのでしょう。そのほかにはタヌキもアナグマもハクビシンも総称してムジナと呼ぶ場合もあり、ほとんど混沌の中に入り込んでしまいそうです。なぜこのような滅茶苦茶な状態なのでしょうか。

アナグマ（上）とハクビシン（下）

タヌキやアナグマ、ハクビシンは主に夜行性の動物です。夜中道路に出てきて車にはねられるのはほぼ彼ら。今は車のライトに照らされてはっきりとその姿がわかります。

しかし大昔はどうだったかというと、月明かりか薄暗い提灯の明かりしかありません。ぼんやりとした影が暗闇に浮かぶ程度なのです。そのときに見える姿はタヌキもアナグマも同じようなものだったと思われます。目の前に現れた小動物がなんであれ別段大した話でもなく「ああ、あれはムジナだ」で終わったでしょう。これがタヌキ、アナグマ、ハクビシン混同問題の原因だと思えます。

アナグマはその名の通り穴を掘りそこを巣とします。前足の爪は長く丈夫な作りで穴を掘る能力に長けた生き物です。クマの名が付くように冬眠もします。冬眠前の猟期に捕れるアナグマは大変美味しい肉で特に脂の美味さがきわだつのです。

これに比べるとタヌキは穴掘りも冬眠もしません。ことわざで〝同じ穴のムジナ〟がありますが、これはアナグマが掘った穴にタヌキがちゃっかり住み着くことから来たものです。この生態が二種を混同する原因のひとつでもあります。

ムジナという動物は存在しません。あくまでも地域ごとの呼び名に過ぎないのです。地域名とは方言のようなもので、山菜やキノコ、魚にも地域名はあるのです。このように同じ名前でも地域によってはまったく別のものを指す場合があります。これがときとしては裁判にまで発展することがありました。その名もズバリ、「タヌキ・ムジナ事件」といいます。

一九二四年、栃木県内である猟師が猟期を終えてからタヌキを捕獲したことから起きた事件です。彼は狙った獲物がタヌキという名称の動物だとは知らず自分はムジナを捕っていたというのです。今ではそんな馬鹿なという事件ですが、インターネットもテレビもない時代はウシとウマの区別も付かない人もいたのです。これはさほど不思議な話ではなく、裁判では主張が認められ無罪となりました。裁判沙汰になるほど混同されていたのです。

タヌキに関しては〝同じ穴のムジナ〟以外にも〝捕らぬタヌキの皮算用〟や『あんたがたどこさ』でも出てきますが、どちらも猟が関係しているのは明らかです。特に『あんたがたどこさ』では猟師が煮て焼いて喰うわけですから完全に肉として認識されています。ではここからが本題です。タヌキは本当に食べられるのかそれとも臭くてとても食べられないのか、実際に調べてみました。

タヌキ食に関して各地の猟師たちに何とか食べられないか打診しましたが、これがなかなか難しい注文らしい。なぜかというとタヌキをわざわざ狙って捕る人はほとんどいないのです。毛皮の価値が高かった頃は専門で捕る人もいたそうですが、今は需要がありません。現代では本気でタヌキを捕る人などいないのです。

ではどうすればタヌキは手にはいるか？　実は偶然捕れる以外にはその機会はないのです。つまり間違ってタヌキが罠に掛かった場合のみ手に入るのです。

これはかなり不確実性が高い。しかも、たまに運良くタヌキが掛かっても疥癬症（かいせん）という、ヒゼンダニというダニを原因とする病気に罹患している場合が増えています。疥癬は体中の毛が抜けてしまう皮膚病の一種でタヌキだけではなくイヌにも感染します。これに罹る（かか）とタヌキは結局死んでしまい食べることもできません。

タヌキにとって恐ろしい疥癬症がなぜ広がっているのかは定かではありませんが、人間の生活に近いことが原因のひとつとも考えられています。

東京の中心にも出没するくらいにタヌキは環境適応力があります。都心でゴミを漁り（あさ）それが体に悪影響を与えたのでしょうか。ゴミ捨て場にタヌキが集まることで感染が広がりやすくなっているともいわれています。しかし、タヌキの疥癬は都心部だけではなく全国的な病気なのです。

こうしてなかなかタヌキ肉に巡り会うことができませんでした。しかし、ある日やっと石川県の猟師からタヌキが捕れたとの報告が届きました。車で六時間かけて現場へ行くと、小動物用の箱罠に掛かっていたのは見た目から若いメスだと思われます。近づいてもさほど臭いはありません。動物園のあの強烈な悪臭はまったく感じないので安心して食材にしました。

腕の良い猟師がタヌキを丁寧に解体するとそのモモ肉はまるで鶏肉のようです。これを見てタヌキだとわかる人はいないでしょう。肉そのものの味がよくわかるように、調理は塩とコショウのみで行うことにします。肉質は綺麗な鶏肉そのもので、生でも臭いはありません。それをフライパンでじっくり焼いて口に放り込む。一口嚙みしめるとなかなか味わいのある肉です。

捕まったタヌキ

タヌキを解体する

しかし、連続して食べると鼻の奥の方に微かにあの動物園の臭いがするのがわかりました。それもわずかなもので決して臭くて食べられないということはなく、どちらかというと美味しい類に感じられたのです。ただし、この個体が恐らく一歳未満の若いメスだから臭くなかったのではないでしょうか。成獣はやはりあの動物園の強烈な臭いがあるのだと思います。

こうして考えるとタヌキを食べる派と食べない派に分かれた理由がはっきりしました。食べる派は臭いタヌキを食べたことがなく、食べない派は臭くないタヌキを食べたことがないということです。当たり外れが極端なタヌキ肉は皆が競って捕るほどではない獲物だったのでしょう。

しかし、そのようなタヌキが昔から肉として認識されて来たことは紛れもない事実だったのです。肉が貴重だったからこそタヌキも大事に食べられたのだと思います。こうして実際にタヌキを食べることで長年の疑問は解決しました。〝百聞は一見に如かず〟ならぬ〝百聞は一口に如かず〟なのです。

クジラ

鯨肉は戦後食糧難の時代からしばらくは肉の代表格として日本人の腹を満たしました。特に昭和四十年代、捕鯨オリンピックの名の下に世界一の捕獲頭数を競っていました。この時期、世界一と名乗ったのは造船業と捕鯨で、車や家電品が世界を席巻するのはまだ先の出来事です。世界一の看板の名の下に捕獲された鯨肉は子供ながらに誇らしい食材に感じたものでした。

江戸時代、肥前国（長崎県）の五島列島での捕鯨の様子（「千絵の海　五島 鯨突」葛飾北斎画）

クジラはハクジラとヒゲクジラに分けられます。ハクジラは文字通り鋭い歯を持ち、主に魚類を食べます。ゴンドウクジラやマッコウクジラ、イルカやシャチもこの仲間です。最近その生態が社会現象ともなったダイオウイカを捕食するので有名なのはマッコウクジラです。対してヒゲクジラには牙状の歯はありません。その代わりに鯨髭（くじらひげ）と呼ばれるものがあり、これでオキアミなどのプランクトン類を漉して食べています。世界最大の動物であるシロナガスクジラやザトウクジラはヒゲクジラです。ハクジラとヒゲクジラは同じ鯨類でもかなり生活スタイルが違う生き物といえるでしょう。

捕鯨は狩猟行為として大昔から行われています。入り江に迷い込んだクジラを追い込んで捕獲するのが基本的な沿岸捕鯨でイルカに属する小型鯨類が獲物でした。北欧やイヌイットの人々、そして日本もこの沿岸捕鯨で多くのクジラを手に入れていました。

縄文時代の遺跡からは小型鯨類の骨が多数発見された例があり、また奈良時代には食材として朝廷に献上されています。しかしクジラは魚のようにどこでも捕れる獲物ではありません。海流の関係から捕鯨は和歌山県や伊豆半島、房総半島、そして九州の北西部で盛んに行われていました。ほかの地区でも稀にイルカが迷い込んだり弱った大型のクジラ類が浜に打ち上げられることがあり、それはまさに海からの恵みとして喜ばれたのです。

それに対して戦後の捕鯨オリンピックで行われたのは、遥か南氷洋にまで船団を組んで出漁する非常に大規模なやり方です。これは日本古来の伝統捕鯨とはまったく違うやり方といえるでしょう。

捕獲するクジラも、ナガスクジラなどの大型クジラ類がメインで極めてダイナミックな捕鯨でした。遠洋捕鯨に関係するのは大きな会社で、そこから全国の市場に鯨肉が出回ったのです。それが学校給食の食材となりました。そのおかげで山の中の小学校でも南氷洋で捕獲された鯨肉の竜田揚げ（たつたあ）を食べることができたのです。しかしウシ、ブタ、ニワトリなどの肉が多く提供される時代になると次第に消費量が落ち始めました。さらに捕鯨に対する意識が世界的に変わり始めると鯨漁は一気に衰退したのです。これはクジラが哺乳類として大変に賢く、かつ可愛い動物であるから殺すのは残酷であるという愛護団体が担った反捕鯨運動の影響を受けたからです。

最初に批判を多く浴びたのは遠洋捕鯨でした。それから沿岸捕鯨にも厳しい目が向けられるようになりましたが、沿岸捕鯨こそ日本の伝統捕鯨であり食文化だといえます。

遠洋捕鯨で捕獲されたクジラと、この沿岸捕鯨で捕獲されたクジラはまったく別の食べ物だったといっても過言ではないのです。例えば江戸時代に入り江で仕留めたクジラの肉は干したり塩漬けにして食されました。千葉県や伊豆の各地に今でもこれらの食品を見つけることができます。これを汁や鍋の具材として入れる食べ方が多く、いかにも肉としてばくばく食べるようなことはありませんでした。

伝統食としては塩鯨（しおくじら）という物があります。一見すると居酒屋で見かけるクジラベーコンのようですが似て非なるものです。その名の通り単なる塩漬け、保存のための加工品なのです。これは日本海側で現在でも春先の食べ物として人気がありますが若い人はあまり食べないようです。

雪が解けて暖かくなって来る頃、塩鯨が各地に出回り始めます。春を告げる食材として山菜やサクラマスと同じように喜ばれました。食べ方は吸い物にするのが一般的で薄く切った塩鯨がほんの少し入ります。地元の人になぜこれ程少ししか入れないのかを聞くと、腹がすぐに下るからだといわれました。これはクマの脂身と同じで美味しくてもたくさん食べてはいけないようです。

遠洋捕鯨で捕獲されたクジラはその場で解体され、すぐに冷凍されます。鮮度を保ったまま遥か日本まで運ばれ消費されるのです。沿岸捕鯨の鯨肉がほぼ加工されたのに対して、これは生の食材として提供されました。当然、生食好きの国民ですからクジラも刺身で食べるのが最高のご馳走とされました。新鮮で安価、さらに捕鯨大国日本の証である鯨肉は家庭でも外食でも、そして給食でも肉の王者となったのです。

缶詰でもクジラの大和煮（和食の伝統的煮物）はキャンプに欠かせないものとなりました。大量に手に入る肉の塊は部位ごとに細かく分けて売られ最安の肉では一〇〇グラム当たり十円程度。我が家ではそれが犬の日常食だったのです。

このように遠洋捕鯨で手に入る鯨肉は、大人から子供、そして犬まで幅広く全国で食べられたのです。それに比べると沿岸捕鯨の鯨肉は基本的に地産地消の産品でした。今と違い輸送網も不完全で冷蔵品を送ることができなかったからです。その結果、塩蔵や干した状態で遠路運ばれ、それはそれで独特の食文化を生み出したのです。

元々鯨肉は血の気が多く臭みもある肉です。特にハクジラは魚肉食性なのでプランクトンを食べるヒゲクジラに比べると臭いが強めです。伊豆半島などで食べられるイルカ肉は、山椒（さんしょう）や生姜（しょうが）をふんだんに入れて味付けしてもかなり臭みが残ります。この臭みがイルカの味だといえるのかもしれませんが決して万人が好むとは思えません。

さらに運動量が豊富なため肉そのものがかなり固い。固くて臭いためにあまり人気は出ませんでした。昔を懐かしがってクジラが美味しかったという人は、ほとんどこの肉を食べていないのでしょう。

それに比べると南氷洋から運ばれてくるヒゲクジラの肉は、刺身やクジラベーコンで一杯やったお父さんたちには素晴らしい肴だったでしょう。また食べ盛りの子供たちはステーキに食らいつくという夢にも見ない出来事に狂喜乱舞しました。こうして遠洋捕鯨で遥か彼方から運ばれた鯨肉が日本の食卓に大きな変化をもたらしたのです。伝統的な沿岸捕鯨ではなかった鯨肉食文化が新たに生まれたといえるでしょう。

海獣類

海獣とはトドやアシカ、アザラシなどの海に生息する動物の総称です。非常に賢く素早いうえに泳ぎが達者なため捕獲するのは簡単ではありません。しかし北海道の礼文島では縄文時代の遺跡からこれら海獣類を食べた痕跡が見つかっています。一体どうやって古代の人たちは北の海で海獣を捕獲したのでしょうか。

実際に厳寒の礼文島でトド猟を見に行きました。今トド猟といいましたが、正確にはトドの有害駆除です。真冬の時期にトドは繁殖のために礼文島北部に集結します。昔はトド島と呼ばれる岩礁に多くのトドが集まっていました。

トドは大きな個体だと一トン程になります。その食欲は非常に旺盛で、この時期あたりにやってくるタラなどの魚類を猛烈な勢いで食べるのです。漁民にとってもタラは大切な魚でここにトド対人間の争いが起こりました。

〝海のギャング〟という呼称をトドに付けた人間は、ひたすらトドを憎み、殺すことのみに心血を注いだのです。そして何と航空自衛隊の戦闘機から岩場のトドを銃撃するという殺戮(さつりく)戦を敢行するまでになったのです。これは昔のニュース映像で華々しく取り上げられ、今はネットなどで見ることができます。こうしてトドはレッドデータブック(絶滅のおそれのある野生生物の情報が載っている図書)に載るほどにその数が激減しました。それでも漁民は納得しません。「トドは絶滅して欲しい」というのです。

このようにして近年はトドの数が減りました。しかし、その餌となるタラなどの魚類も実は減っているのです。その原因が人間による乱獲のせいなのか、はたまた温暖化の影響なのかはよくわかっていません。ただひとついえるのは、トドのせいではないとい

うことでしょう。
元々トドにとって、そこへ回遊してくる魚は大切な餌です。動物は餌の多少でその個体数が決まる、つまり食べ尽くせば自分たちが一番困るのです。自然界は良くできたもので絶滅する程に取り尽くすのは人間だけなのです。そう考えると〝海のギャング〟はトドではなく人間の方ではないでしょうか。汚名を着せられてひたすら酷い目に遭わされるトドは可哀想な存在だといえます。
現在のトド猟は真冬の海の上でトドの姿を探し接近して専用の強力なライフル銃で頭を撃つやり方です。二台の船外機を付けた高速の小舟でトドを追いかける姿はまるで洋上のカウボーイです。

トドに銃をかまえる猟師

昔トドの数が多かった頃は島にこっそりと上がって仕留めていました。トドに限らず海獣類は陸上ではさほど敏捷ではなく、ほぼこのような猟のやり方をしていました。おそらく縄文人たちも船で島に渡り、トドの寝込みを襲い捕獲していたのでしょう。小さな個体や子供ならば棍棒で打ち倒すことも可能だったはずです。槍を使えば大物も捕獲できたでしょう。しかし数百キロの巨体で反撃されるといくら集団で立ち向かっても危険がともないます。事実過去には大物のオスにのし掛かられて命を落とした猟師もいるのです。

海獣類の餌は先に述べたように魚類です。この点はイルカなどのハクジラと同じで肉はかなり癖があります。基本的に肉食獣の肉はさほど美味しいものではありません。あえて順位を付けると「果実などを食べる動物>草食動物>雑食動物>肉食動物」となるのではないでしょうか。

礼文島ではトド肉が地元の大切な食材で、カレーや煮物など家庭料理には欠かせない存在になっています。これは沿岸捕鯨の地とまったく同じ状況です。地産地消の典型ですね。しかし最近ではトドそのものが減少しているうえに本土から運ばれる肉類がスーパーに並ぶ生活ですから、若い人たちはあまりトド肉に関心を示さなくなりました。たまに捕れるトド肉を喜ぶのは地元のお年寄りがほとんどなのです。

実際に礼文島のトド撃ち名人が捕ったトド肉を食べさせてもらいました。ジャガイモやキャベツとさっと煮込んだ料理で、黒っぽいトド肉とジャガイモの相性は良く、寒い時期には体が温まって嬉しい。トド肉そのものはやはり癖がありますがさっぱりとして私は好きになりました。

トドやアザラシが捕獲されるのは日本でもごく一部の地域に限られます。稀に海流に乗って関東地方にアザラシが顔を出すことはありますが繁殖はできません。限られた時期に限られた地域限定の肉が海獣だったといえるでしょう。

それと同じように限られた地域で食べられているのがウミガメです。小笠原(おがさわら)や沖縄の一部地域で煮物や刺身などが好まれています。日本人は四方に囲まれた海からも実に色々な肉を得て来たのです。

イヌ、ネコ

イヌやネコは長い歴史の中で良きパートナーとして人と一緒に暮らしてきました。しかし、同時に一番身近な肉でもありました。

縄文時代の遺跡からは埋葬されたと思われるイヌの骨が発見されています。これは飼い主がイヌの死を悼み丁寧に葬ったのだと考えられています。しかし、同じく縄文時代の遺跡からは明らかに食べるために解体した痕跡が残るイヌの骨も出土しているのです。このようにイヌは番犬や狩猟に欠かせない役割を果たしながらも肉として認識されていたのは明らかです。また古文書にも各時代でイヌが食べられていた記録が多く見られ、イヌ肉が珍しい食材ではなかったことを示しているのです。

イヌ肉食に関してはほぼ世界中で見られます。逆にいうとイヌを食べなかった地域の方が少ないくらいなのです。現在東南アジアから朝鮮半島にかけてイヌ肉食文化が残っています。イヌを食べることそのものは各地の食文化なので、これを否定することはできません。しかし道端で殺して解体する画像を見ると嫌悪感を覚える人も多いはずです。またイヌを苦しめて殺す程に肉に力が宿ると信じる人がいることには唖然（あぜん）とさせられます。食文化そのものは否定しませんが、このような迷信がまかり通るのは考えものでしょう。

私が実際に東北のある地区で調べたところ一九九〇年代頃にまだイヌを食べていた集

落がありました。その当時の年寄りが若干名関係していただけで、ほとんどの住民は食べていません。おそらく、それがこの地区での最後のイヌ肉食だったのではないかと推測されます。

マタギの集落に行くとマタギが使っていた狩猟道具の中にイヌの毛皮を見ることができます。これは背当てといってマントのようなものです。軽くて汚れをはじくイヌの毛皮を背中に纏(まと)うことで寒さを凌(しの)ぐこともできました。もちろん毛皮を取るだけのためにイヌを殺すことはないはずで、やはり食べていたのだと思います。戦前から終戦直後までの時代は町中でも結構イヌを食べていたようです。

「ある日飼いイヌが突然姿を消し、その晩肉の入った鍋料理が食卓に上った」

「町の青年団が軍に毛皮を供出するといって各家からイヌを集めた。それを知った子供が飼いイヌを探し回ると集会所ではすでに大鍋を囲んでみんなが酒盛りをしていた」

これに類する話はあちこちで聞くことができます。

また実際にイヌを食べたことのない人でも「赤イヌは美味しい」という怪しげな知識は知っています。赤イヌとは毛が濃いめの茶色なイヌのことです。私が子供の頃飼っていたイヌはまさにこの赤イヌで、近所の人に何回かこのイヌは美味しいんだといわれた覚えがあります。いや近所の人どころか実は母親もそういっていました。現代では身近にイヌを食べる人はあまりいないと思います。しかし、特定の料理店ではイヌ肉料理は人気があり、日本でも食用のイヌ肉はある程度の量が輸入されているのです。

ネコもイヌ並みに世界各地で食べられていた記録が残っています。特に中国では現在でも多くのネコ肉が流通しています。ネコを好んで食べる理由はトラに似ているから薬効があるに違いないというものが多いようです。

日本国内でも最近まで少ないながら煮物などで消費されていました。特に戦後の食糧難の時代にはネコが非常に美味しかったという人もいるのです。また各地に都市伝説としてネコ出汁ラーメンという物語が見受けられます。これは美味いと評判のラーメン屋が実はネコで出汁を取っているという内容で、その店跡からは大量のネコの骨が見つかったというのがオチになっています。これは明らかにデマの類ですが実際に新聞に載ったネコ肉食の話もありました。

二〇〇〇年あたりの沖縄での出来事です。ある地区で〝ネコ捕り婆〟の異名を取る人がいました。彼女は食肉用のために近所のネコを捕獲していたのです。しかしそれは彼女がネコを食べたくてやったことではありませんでした。

沖縄では古くからネコの肉がある種の婦人病に効くと信じられ、その病気に悩む人からの依頼を受けての捕獲だったのです。新聞記事では捕獲されたネコが飼いネコか野良ネコかは定かではないらしく、飼いネコなら器物損壊、野良ネコでも動物保護法違反もしくは狩猟法違反に問われるのです。

この〝ネコ捕り婆〟は捕獲するだけではなく恐らく捌（さば）いて肉にしていたはずです。素人にはネコを解体して肉にすることは難しいからです。

自らが捕って捌いてそれを売ったり、料理して有料で食べさせれば食品衛生法違反など多くの違法行為に問われるのです。長年続いたネコを捕獲する行為に愛護団体などから糾弾があり、行政から厳重注意を受け〝ネコ捕り婆〟の仕事は終わりました。逮捕されなかったのはあくまでも病気に苦しむ人から頼まれてやった善意の行動だという温情です。恐らくこれが日本でも最後のネコ肉食となったのではないでしょうか。

イヌやネコは最も身近な動物であり愛玩（あいがん）対象ですが、つい最近まで肉として意識されたのも事実でした。

【コラム】 医食同源と肉

普通にスーパーで売られている肉類を薬とみなすことはほとんどありません。しかし野生獣に関してはイノシシの薬喰いのように薬効を重んじる場合が多々あります。シカ肉にもイノシシ同様の薬効があると考える人はいます。

例えば北陸地方の女性猟師から、ほぼ毎日シカ肉を食べて体質が劇的に変わったという話を聞きました。それまで貧血気味だった彼女は血が濃すぎると医者にいわれるまでになったそうです。

人間の体は食べたもので作られているわけですから食べ物が変われば体質も変化するのは当然のこと。大まかには日々の新陳代謝で八ヶ月もすれば骨も含めて体すべてが入れ替わるのです。コンビニ弁当とカップ麺が主食ならば、その人の体はコンビニ弁当とカップ麺でかたち作られているといえるでしょう。何をどう食べるのかは非常に大切なことなのです。

肉以外にもツキノワグマの胆嚢はクマの胆（きも）として昔から薬として認知されています。胆嚢は巨大な臓器である肝臓の裏側に位置します。役割は消化に欠かせない胆汁を出すことで、この胆汁に薬効があるのです。なぜツキノワグマの胆嚢が重宝されたのかというとその大きさに理由があります。

動物が日々食物を胃に送り込んでいる状態では常に胆汁が消費されています。しかし四ヶ月ほど冬眠するツキノワグマは、そのあいだ胆汁を消費しないのです。たっぷりと溜まった胆汁でぱんぱんに膨れあがった胆嚢こそが貴重な熊の胆の材料となります。

逆に冬眠していない時期の胆嚢は実に小さなものですが、これが大きく膨れあがる場合もあります。それは有害駆除のドラム缶罠に掛かった場合です。罠の中で二、三日餌を食べないだけでも胆嚢はかなり大きくなるのです。

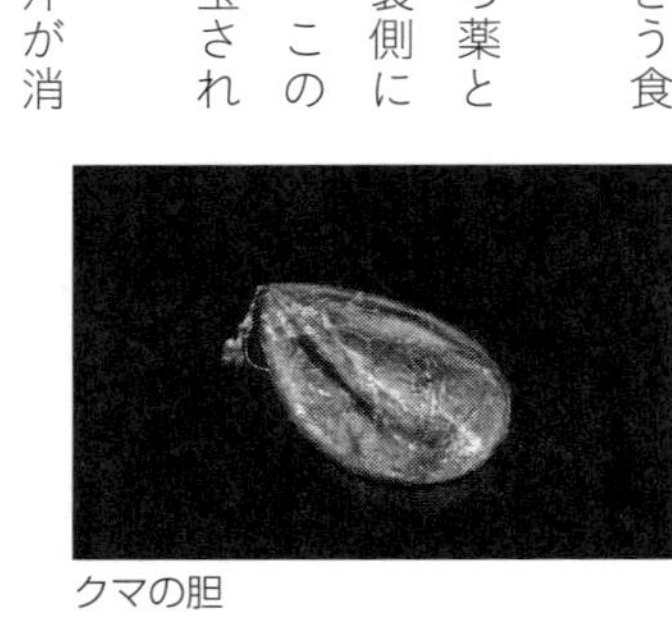

クマの胆

ツキノワグマに関しては胆嚢以外に肝臓や血液、脂が薬として使われてきました。今でもマタギの中には丁寧に血を乾燥させて熊の胆と混ぜ常備薬にしている人もいます。

西日本ではイノシシの胆嚢を干して薬にする猟師もいますが小さな煮干しのような貧弱な猪胆(ちょたん)にしかなりません。江戸時代には罪人の処刑を担当する役人がその死体から薬となる臓器を取り出して売り、利益を得ていた記録があります。かなり不気味な話です。しかし、もっと恐ろしい話では人の生き肝が不治の病に効くと信じられた時代もあったといいます。このような考えは世界各地に見られ、アフリカでは現代でもアルビノ(先天的な遺伝子疾患により皮膚や体毛が白くなる)の人が呪術用の材料として誘拐される事件が多発しているのです。

中国では古くからその動物の生命力を食べることで自分の中に力を取り込むことができるという思想があります。例えばトラ、このトラの強さを得るためにその肉を食べ、骨を煎じて飲んだり、トラの仲間の猫を食べて力を得ることができると信じました。また蛇は龍に通じるとして喜んで食べられました。同様に日本ではマムシが体に良いと信じられていますが欧米では毒蛇を喜んで食べる人はあまりいないと思います。

第三章　動物が肉になるまで

前章で述べたように動物は筋肉を効率よく動かすことで歩き回り、走り回り、飛び回ることができます。生きているあいだは伸縮自在な筋肉ですが、動物が死ぬとそれは肉となります。もちろん外皮に守られ骨と密着した大きな肉の塊は、そのままでは食料とはなりません。そこで人は皮を剝ぐ専用の刃物を使い、手斧で背骨や骨盤を叩き割り、大きなモモ肉の塊を細かく切り分けて食用に加工します。この章では動物が食材へと変わっていく現場を畜産動物、狩猟動物（シカ、イノシシ）に分けてお伝えしたいと思います。

1　食肉処理施設

ウシ、ブタ、ニワトリなど、どこのスーパーでも普通に売っている肉は人間が食べるために飼い慣らした動物の肉です。それぞれの飼育は専門の農家が行っています。ウシは牧場、ブタは養豚場、ニワトリは養鶏場で育てられ、ウシは約三十ヶ月、ブタは約六ヶ月、ニワトリは約二ヶ月で出荷されるのです。

以前、魚は余程の大物でない限り、最終小売りの場所である鮮魚店で生きた姿のまま売られるのが普通でした。消費者はそのまま買って持ち帰り自分で捌(さば)くか、魚屋さんに処理(二枚おろしにするのか三枚おろしにするのか、またはぶつ切りかなど)を依頼して食材にしていました。今は切り身でパック詰めされた商品を買うのが当たり前になっています。

これに対して肉は昔から小売店で切り分けられた状態で売っていました。それぞれの部位ごとに細かく分けられ、グラム単位で値段が決められました。魚屋の店先では魚の目玉がきらりと光りますが、肉売り場でウシやブタの顔が見えることはありません。ショーケースに綺麗(きれい)に並べられた美味しそうな商品としての肉しか目にすることはないのです。

肉屋の綺麗なショーケースを挟んで店の人と客が対面をする、その内側、店の奥では天井からフックに吊(つる)された巨大なウシやブタが見えました。見事にまっぷたつになった肉体（枝肉）にもちろん頭はありません。しかし、それが生きた動物だったことは間違いなく子供にもわかる姿だったのです。

今ではスーパーが主流となり、このような肉屋は数少なくなりました。子供心に興味津々で覗（のぞ）き込んだあのまっぷたつの肉体はどのような経緯でやって来るのでしょうか。ここでは食肉処理と流通の現場を見ていきたいと思います。

システム化された工程

ウシ、ブタ、ニワトリはスーパーでは同じ肉売り場に並んでいます。しかし実はウシ、ブタとニワトリは流通経路が少し異なっているのです。

以前街中ではウシ、ブタの肉を売る店とは別に鶏肉屋さんがありました。これは流通が異なることによって販売も分かれていた証拠です。鶏肉屋さんではモモ肉、ムネ肉、ササミ以外にも内臓、ガラ、皮、そして瓶詰めされた鶏脂と今では珍しい商品まで売られていたのです。

それぞれ専門の農家で育てられたウシ、ブタ、ニワトリは生きたまま解体処理施設まで運ばれます。このときウシ、ブタは大動物、ニワトリは小動物に区分されます。各県に複数箇所ある処理施設は大動物専用、小動物専用もしくは両方受け入れ可能な施設に分かれています。

ウシ、ブタ類とニワトリは大きさや体の形態がまったく違います。そのために同じラインでの処理ができず分離されているのです。こうして搬入の段階から違う流通経路を経ることで結局、最終小売りも別になったというわけです。

では次に、ある処理施設を見学したときのことを元に話を進めます。

食肉処理施設では見学するためのスペースを設けている場合が少なからずあります。この場合、前もって許可を申請して施設の人の説明を聞きながら各工程を見て回るのが一般的です。作業場の上にある隔離された通路から、ガラス越しに見下ろしながら歩きます。

作業場は完全密閉されているので見学者と加工ラインの作業員が同じ空気を吸うことはありません。もちろん、これは食肉処理に限ったことではなく、以前に見学をしたマヨネーズ工場でもまったく同じ状況でした。衛生上の問題で生産ラインとは完全分離さ

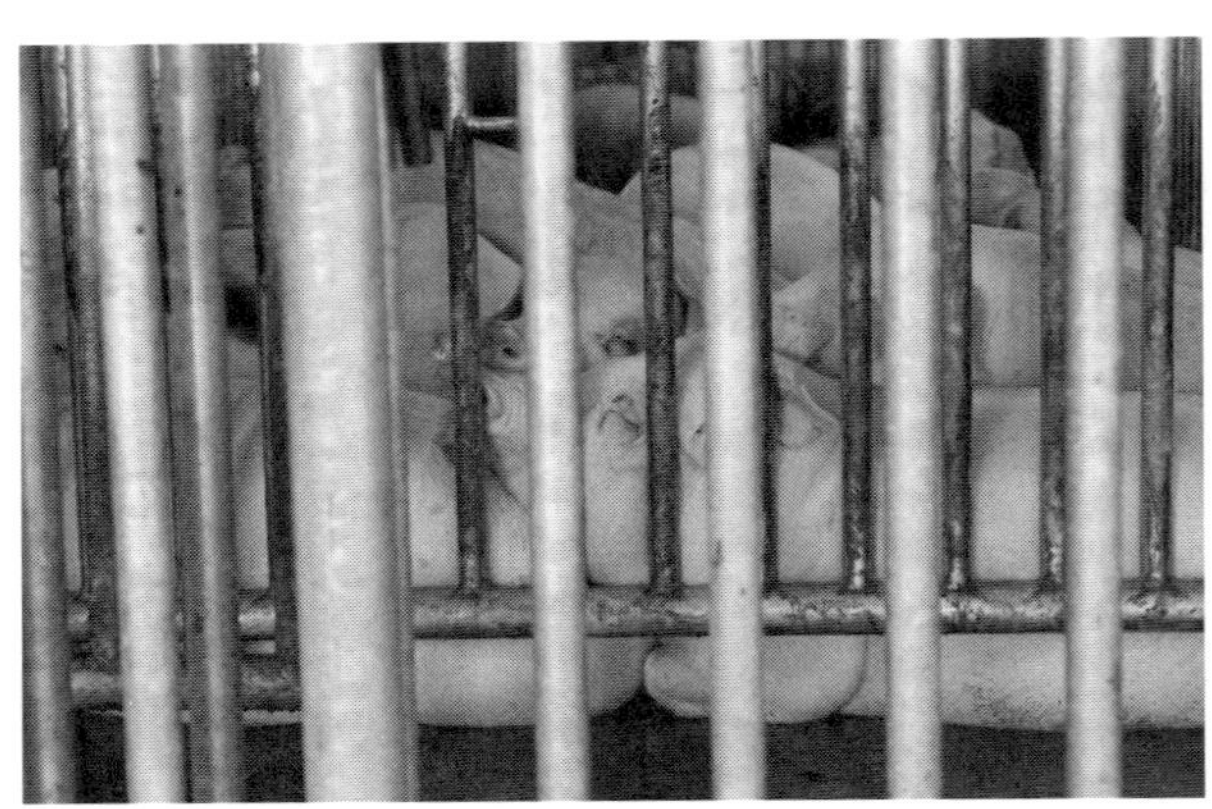
食肉処理場に運び込まれたブタたち

れた空間から眺めなければならないのです。そこで卵の搬入からおなじみの容器にマヨネーズが充填されるまでの行程を見ることができました。

マヨネーズ工場のスタート地点は卵の搬入ですが、食肉処理場でのスタート地点は家畜の搬入です。各農家から生きた状態でブタ（見学したのはブタの解体ライン）が運び込まれて来ます。この時すぐにブタが施設の中へ送り込まれることはありません。汚れた体を綺麗に洗ってもらいしばらく休憩をします。そのあいだに職員が病気の有無などを調べるのです。

この待機時間は輸送時の疲労や環境の変化によるストレスを軽減する目的があります。ストレスの有無は肉質に影響するのです。遠目に見える彼らの姿は実にのんびりとした感じです。このあと自分達が肉にされていくことなど想像すらできないでしょう。

待機スペースから先は関係者以外が立ち入ることのできない場所となります。そこで、映像を公開している海外の処理施設などの情報を元に話を進めることにしましょう。

ブタを落ち着かせるため、しばらくのんびりさせることを係留といいます。この係留のあと、ブタは狭い通路に追い立てられて行きます。最初に訪れるのは命を奪う場所、つまり生き物としての最後の場所です。しかしこれが肉へと変わっていくスタート地点でもあるのです。

命の奪い方は時代や国により千差万別です。ある国では道端に引き出した家畜の首を大鉈(なた)で切り落とします。またある国では頸動脈(けいどうみゃく)をナイフで切り、息絶えるまで動物は血の海でのたうち回り、またある国ではハンマーで頭蓋を一撃で砕き倒すのです。

現代の日本では家畜に必要以上の苦痛を与えないような配慮がされています。これは動物愛護の観点と肉質を少しでも落とさないようにするためです。そして関係者の負担を減らすためでもあるのです。

ではブタの行く末を見ることにしましょう。係留場から移されたブタの息の根を止めるために使われるのは電気ショックや炭酸ガスです。電気ショックを与え仮死状態にするか、またはガスを使い窒息させます（ウシなどは専用の銃器で頭を撃つ場合もあります）。これらを使用して心肺停止状態にされたブタは、足を吊されて解体ラインの中へと移動します。

まずナイフで吊されたブタの喉を切り裂きます。このとき大動脈を切断するため一気に大量の血が流れ出すのです。これを放血といいます。少しでも早く血を出すことで肉に残る血生臭さを軽減するのが目的です。これはほかの家畜でも同じで、息の根を止めたらすぐに血を抜くことは食肉処理で最も大切な作業となります。

ドイツではこのときに血がほとんど滴ることなく作業が進みます。血管をナイフで切らずに、パイプ状の器具を差し込み血液を強制的に吸い出すのです。ブタの血を使った様々な製品が存在するお国柄ですから、おそらく廃棄せずに利用するのだと思われます。

放血を終えたブタは吊されて次のブースへと移動していきます。そこで頭部を切断し体中の毛を除去したあと、急いで内臓を摘出しなければなりません（順番は若干異なる

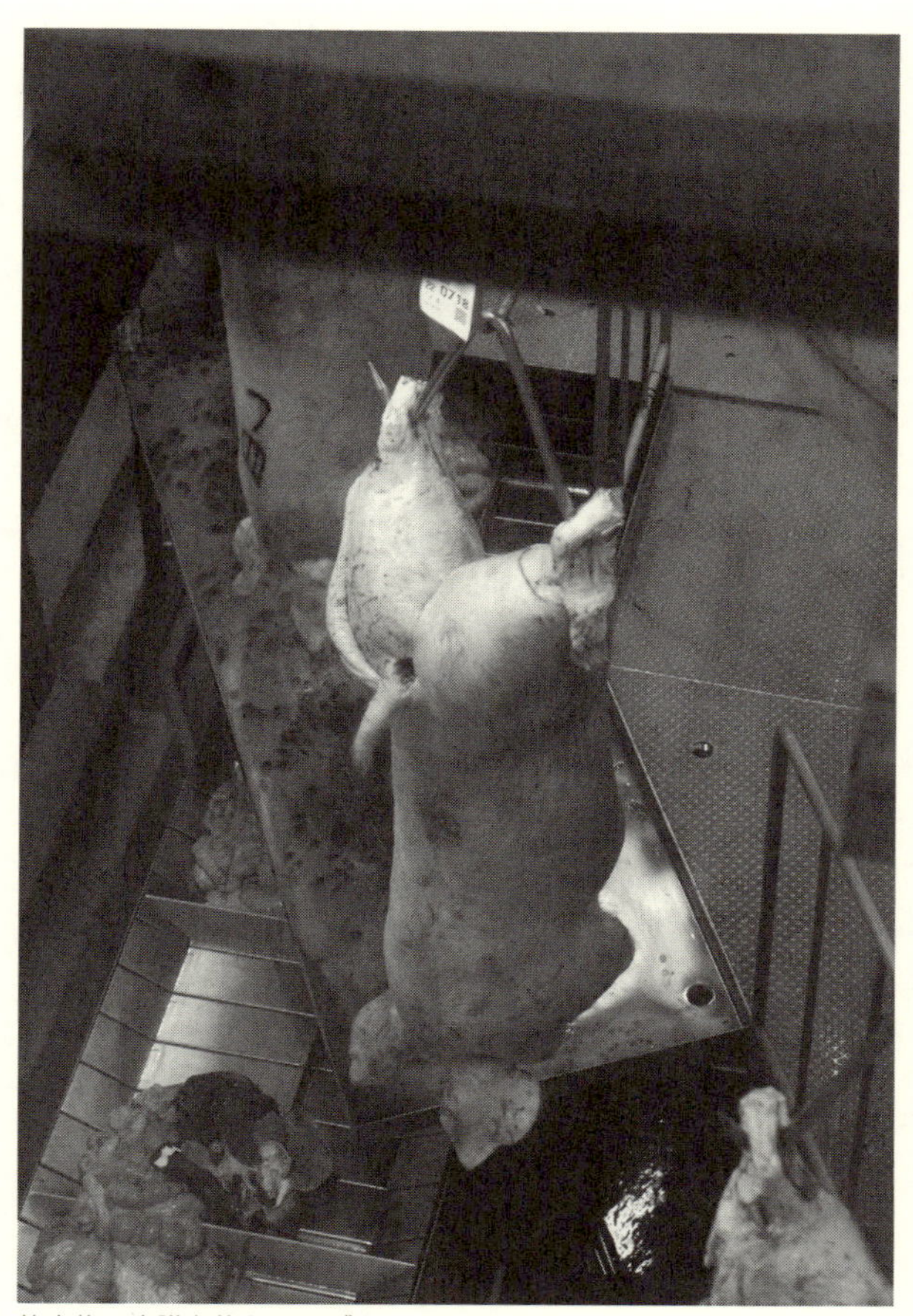

放血後、内臓を抜かれるブタ

場合もあります）。

すべての動物は死ぬとすぐに内臓でガスが発生します。腐敗のはじまりです。これは内臓のみならず肉にも嫌な臭いを付けてしまうので、まだ温かい体温のあるうちに速やかに処理しなければなりません。このときに排泄物（はいせつぶつ）で汚さないために膀胱（ぼうこう）や肛門（こうもん）といった排泄に関係する臓器を傷つけないよう特に気を付けて取り出します。

吊された体から抜かれた内臓は足下へ落とされ、そこに置かれたコンテナへ収まります。ここで内臓と肉が別々のルートへと分かれて行くのです。内臓と肉は組成がまったく違うために一緒にすることができません。こうして肉屋とホルモン屋という最終小売りの段階まで別ルートを辿（たど）っていきます。もっとも最近のスーパーでは肉の部位も内臓の部位も同じ売り場のスペースに並ぶことが珍しくはありません。しかしこれは一昔前ならばあり得ないことだったのです。

肉の直売所も併設

内臓を抜かれたブタは吊されたまま複雑な移動を繰り返します。真っ直ぐに進んだかと思うと一瞬箱の中に消えたり、ぐるりとUターンして戻ってきたり。見た目にはブタの姿が徐々に消えてどんどん白い塊になっていくようです。

体をまっぷたつにされる背割りという行程を過ぎると、やっと宙ぶらりんの状態から解放されます。ウシの場合はこの背割りされた状態で肉屋が購入します。私が子供時代に肉屋のショーケース越しに見たあの状態です。

背割りされ、まっぷたつとなったブタはベルトコンベヤーに乗せられてゆっくりと移動します。ベルトコンベヤーの周りには大勢の作業着姿の人が忙しく手を動かすのが見えます。このライン上で豚の肉体は各部位ごとに切り分けられていくのです。

作業員の手先には忙しく動く刃物がキラキラと輝いています。頻繁に使用されるため、刃物の切れ味はすぐに悪くなる。しかし、切れない刃物を使い続けるのは肉質を悪くしてしまうのです。そこで彼らはその都度、刃先を研ぎ再び肉に向かいます。こうして徐々に小さくなっていく肉体はいつの間にか見慣れたブロック肉へと近づいていくのです。

現在このような処理施設の数は減り続け六十年前の約四分の一程度になっています。

肉の消費量が十倍になったというのに不思議な話ですね。以前は屠畜と解体処理などが別々の施設で行われていたのが徐々に一体化して整理統合された結果なのです。

昔は命を奪う施設を忌まわしいと感じる風潮から隠すように点在させたという理由や、各地に職場を作ることで雇用を生む目的もありました。しかし、以前の施設は環境も悪く、鳴き声や悪臭などの問題も抱えており、施設があった郊外まで住宅地が広がってくると、住民との軋轢が生じるようにもなったのです。それらを解決するためにも近代的な総合処理施設が各地で建設されました。

各施設では周辺の理解を深めるための活動として工場見学や料理の講習会なども頻繁に行っています。また施設内に直売所を設け、地域の産品とともに新鮮な肉を販売しているところもあり人気のスポットになっています。

2 肉屋さんの仕事

皆さんが住んでいる地域に個人商店の肉屋さんはありますか。実は今、全国各地の町から昔ながらの肉屋さんがどんどんなくなっています。

（上）背割りされたブタ、（下）たくさんの従業員によって各部位に切り分けられる

商店街に必ず一軒や二軒はあった肉屋さんや魚屋さんは、お客さんの減少や跡継ぎ不在の影響で存続が大変難しくなっているのです。買い物がほぼスーパーに限られつつある状況では個人商店を維持するのはかなり厳しいようです。肉屋さんとスーパーの肉売り場とではいったい何が違うのでしょうか？　まずはその売り方を比べてみましょう。

スーパーの肉売り場では、それぞれの部位ごとに薄切りや角切りにした肉を小分けにして並べてあります。消費者はそれを手に取り、値段を確認し、カートに入れてレジでお金を支払います。この場合、目方の指定をする人はほぼいません。いくつもあるパックの中から目的の量に近い物を選ぶか、安売りの大きなパックをとりあえず買うかを選択するのです。

一般的なスーパーの肉売り場

これに対して肉屋さんではガラスケースを挟んで店員さんとお客さんが対面するのが基本です。ケースの中の様々な肉を見ながら付いた値段を計算しつつ、必要なグラム数を告げ商品とお金を交換します。このとき顔見知りの店なら少しおまけをしてくれるかもしれません。天気や料理などの会話も成立します。つまり肉屋さんとお客さんは肉を通してコミュニケーションを図っているのです。このように、お互い顔が見えるのが個人商店の特長でもあります。では次に実際に肉屋さんの仕事を見せていただくことにしましょう。

枝肉がぶら下がる光景

お邪魔したのは千葉県野田市にある「せきしん」という肉屋さんです。店主の関田憲司さんに話を聞きました。

「私は高校を卒業してから肉の専門学校に進学したんです。そこで捌き方など、肉屋としての基本を学びました。専門学校に行ったのは父の店を誰かが継ぐべきだとやはり思っていたからでしょうね」

子供の頃から肉屋さんとして当たり前に暮らしてきた我が家を残したいという思いが関田さんにはあったのです。

「せきしん」では珍しい光景が見られます。それはフックに吊されたブタの枝肉です。

取材で訪れたとき、店の奥にある大型の冷蔵庫の中には三頭分の枝肉が保存されていました。冷蔵庫からはレールが店の中へと伸び、枝肉を作業台まで簡単に運べるようになっています。実はこのような仕掛けがある肉屋さんは今や絶滅危惧種となっているのです。

肉屋さんは食肉処理場で解体処理された肉を仕入れますが、このときに専門の業者に頼んで仕入れる場合と自ら競りに参加して仕入れる場合があります。前者ではそれぞれの部位ごと（肩ロース、モモ、バラ）に真空パックされた肉をブロックで購入します。それをまた店独自の方法で熟成させたり目的別にカットして商品にするのです。今はほとんどの店がこのやり方で肉を揃（そろ）えています。

「せきしん」の店内の様子

後者は昔ながらの商売で、まず枝肉がずらずらと並ぶ競り場で肉質を見極めて落札します。それを店に搬入して骨抜きや筋切りなど手間を掛けて商品に仕上げるのです。

「父のときは農場まで生きているブタを直接買い付けに行きましたよ。この農場のブタは良いと思ったらそこでしか買いませんでした。夏なんて買い付けは夜中に家を出るんです。暑いと運んで来る途中でブタが弱って死ぬこともありますから涼しいうちに持ってくるんです」

当時は近所に屠畜場があったのでそこへ持ち込んで解体処理をしていたそうです。関田さん自身も一時期処理施設で働いた経験があり、今でもブタを生体から綺麗に精肉の状態にまで処理することができます。そのような技術を持った肉屋さんは日本国中でも珍しい存在でしょう。

肉屋さんの哲学

野田市には以前四十軒以上の肉屋さんがありました。それも今では十三軒しかありません。大型店やスーパーにお客さんが流れてしまった結果なのです。そのような状況下で「せきしん」は複数の従業員を抱えて頑張っています。

「うちは小売り以外にも飲食店や同業の肉屋さんにも販売しています。豚骨や脂身は最近の豚骨ラーメンブームで品薄な状態が続いているんですよ」

飲食店では専門の食肉卸業者などから仕入れる場合が多いのですが「せきしん」の質の良さに信頼を置いて注文をしてくれる店が少なくありません。とはいえ一部の外食産業では品質より安価な商品を望む場合が珍しくはないのです。

冷凍技術の発達で肉は昔より長時間の保存が可能になりました。とはいえ時間が経過すればするほど肉質が劣化するのは避けられません。最近中国で四十年前の冷凍肉が販売されていたニュースが流れました。その名も「ゾンビ肉」と呼ばれています。ここまで酷い例は滅多にありませんが、安さ優先で各地の倉庫を転々とした肉が市場に流通しているのも事実なのです。その流れの中で故意か過失かは定かではありませんが産地表示が変わることもあり得るのです。

生産者がどのようにブタを育てているのかをしっかりと見極め、もちろんその肉質を吟味する。生産者との信頼関係を大事にすることは肉屋さんの仕事のひとつなのです。トレーサビリティー*などという言葉もない頃から「せきしん」ではそれを実行して来たのです。こうして手に入れた枝肉から丁寧に捌いてお客さんに美味しい肉を提供してい

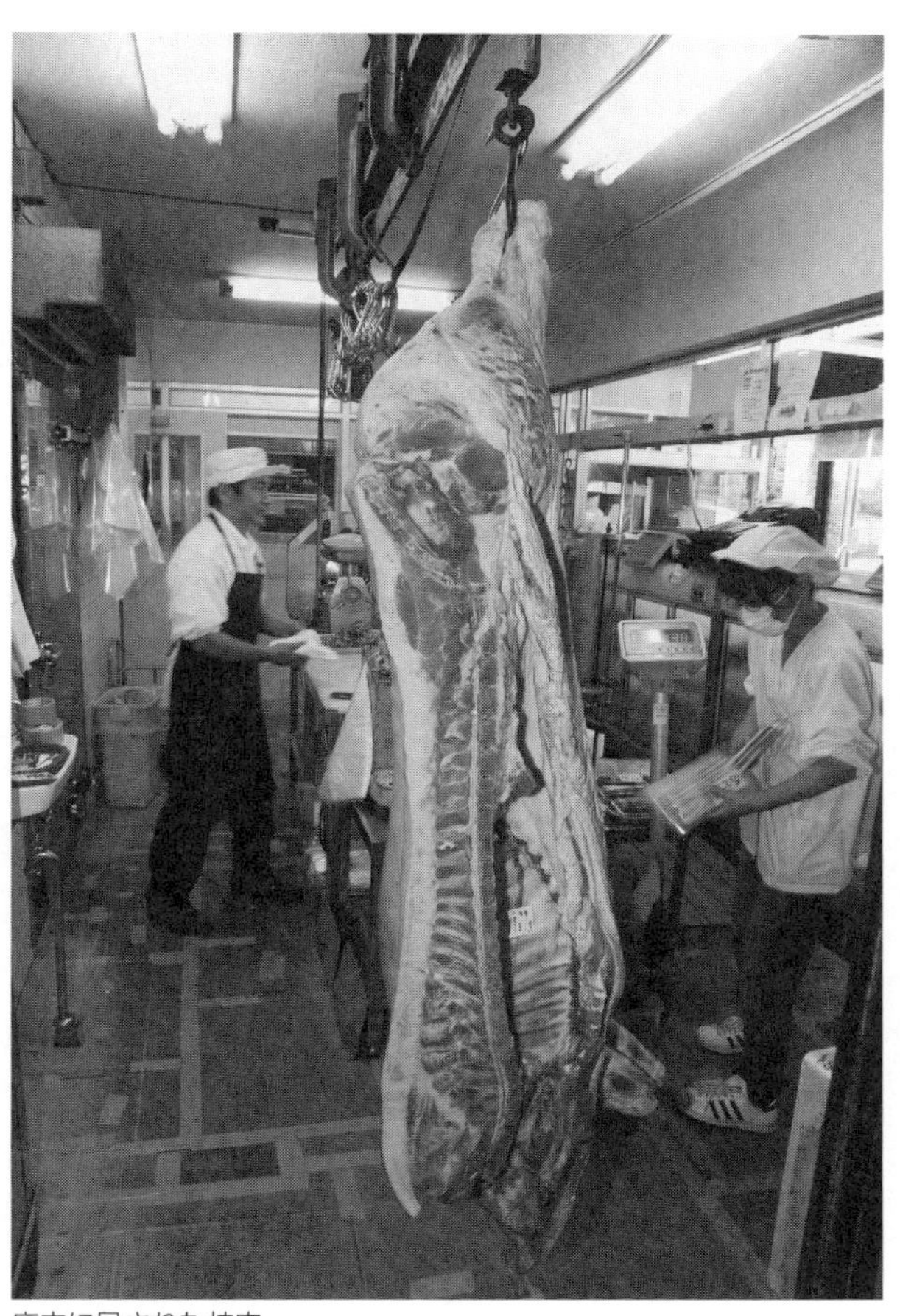

店内に吊された枝肉

ます。
　肉屋さんの商品でもうひとつ欠かせないのが総菜です。店先にコロッケやロースカツ、ミンチカツやシューマイなどが並んでいるのは昔から見慣れた光景でしょう。スーパーでは肉売り場とは別の場所に総菜売り場が独立していますが、なぜ肉屋さんでは総菜を扱っているのでしょうか？

　枝肉からはロースやバラといった精肉以外に様々な部位が取れます。大きなものでは大腿骨や肋骨があります。また筋や腱、脂身などのそのままでは商品にならなかったり、作業の工程で一定割合生じる端肉類の有効活用が店にとっては重要な問題となるのです。先に述べたように豚骨や脂身はラーメン屋さんに引っ張りだこの状態です。そのほかは精肉には不向きなので手を加え美味しい総菜として商品化するのです。

美味しい総菜も肉屋さんの人気商品

「我々はブタを殺して肉にするわけです。それを少しでも美味しく無駄無く食べてもらいたいんですよ。大切な命ですからね」

関田さんは幼い頃から肉屋さんの仕事を見てきました。そこから肉屋さんの存在意義や誇りを身に付けたのです。ブタの命に対する責任感、従業員に対する責任感、そして生産者、消費者に対する責任感。実に多くの責任感を持ちつつ日々肉を提供するのが肉屋さんの仕事なのです。

＊消費者の安心を守ったり、事故が起きたときの調査のため、その商品がどのような事業者によって取り扱われてきたか追跡できる仕組み。

3　狩猟の現場　シカ編

野生動物は畜産動物と違いまったく管理されていません。この野山を自由に走り回る野生動物を捕獲するのが狩猟行為です。

一般的に狩猟には罠(わな)猟と銃猟があります。罠（箱罠、括(くく)り罠）を仕掛け、それで獲物を捕獲するやり方が罠猟。野山を走り回る獲物を銃で撃ち倒して手に入れるやり方が銃猟です。それぞれ行うには狩猟免許が必要で、さらに銃を扱うには銃刀法が定めるところの所持許可証も必要となります。簡単に誰もが野生の肉を得ることはできません。では実際にどのようにして野生のシカが肉へと変わっていくのか、長野県の川上村で行われた猟の様子を見ていきたいと思います。

シカを追う

長野県の川上村は高原野菜の産地として有名な地域で、埼玉県、群馬県、山梨県に境を接する寒冷地です。カラ松林に囲まれた村にはぐるりと網状のフェンスが張り巡らされているのが特長です。これはシカから大切な高原野菜を守るために設置された、いわば万里の長城なのです。

しかし幾ら周囲を囲っても道路や水路などはがら空きですから畑へのシカの侵入を完全に防ぐことは到底できません。こうして野菜農家と入り込んだシカとの攻防戦が日々繰り広げられているのです。

猟期とは十一月十五日～二月十五日までが基本です（地域により一部変動）。銃を撃てるのは日の出から日の入りまでのあいだで、撃てる場所にもかなり制限が設けられています。いつ、どこででも獲物さえいれば撃てるというものではありません。

畑に張り巡らされたシカ避けフェンス

猟ははじめる前の準備が重要です。山のどの辺りにシカはいるのか？　まずそれを調べる必要があります。闇雲に山へ入っても捕れるものでは決してないのです。

そこで猟を行う前日か当日の早朝に猟場となる山を事前に調べて回ります。これを「ミキリ」といいます。主に林道や山の斜面に続く獣道の状態を確認して、シカがいつ頃通ったかを足跡から判断します。

シカは一日中、山の中を歩き回っているわけではありません。ですから足跡が新しければその近所の森の中で寝ている場合が多いのです。ミキリを済ませ、シカがいるであろう場所を大まかに推定すると、今度はどこから猟犬を放つのかを検討します。山の斜面の具合や林道との交わり、沢の存在と様々な条件から判断してシカの動きを予想するのです。どこからイヌを入れてどこで仕留めるのか、狩猟とは自然が相手の駆け引きといえます。

猟犬のスタート地点が決まれば今度は撃ち手の待つ場所を考えて、いよいよ猟の始まりです。今回は猟の初日ということで二十人近い猟師が集まりました。

初猟の挨拶が済むと全員が軽トラで林道に入り、打ち合わせ通り配置に付きます。こうして撃ち手の準備が整うと猟犬を連れた勢子（せこ）が森へと入り一斉に動き始めます。

猟犬は鋭い嗅覚で森の中に潜むシカを探します。そして臭いを嗅ぎつけると吠（ほ）えながらシカを追いつめて行くのです。この鳴き声が山々に響くと各持ち場に立つ猟師たちは神経を森の中に集中して、いつシカが出ても良いように準備をします。

しんとした初冬の森は乾いた風が吹き抜けるたびにカラ松の枝がカツンカツンと音を立てます。近づいたり遠ざかったりする猟犬の鳴き声を聞きながら明るい森の中を凝視していると、突然パキパキと枝の折れる音がしました。目を凝らすと藪（やぶ）の中から大きな角を持ったシカが今まさに姿を現そうとしています。目の前の猟師はじっとシカに目を向けています。少しずつシカの姿が近づいて来ます。猟師は静かにゆっくりと銃をかまえそのままの姿勢で止まりました。

〝パンッ〟

辺りに発砲音がこだまするとシカは一瞬飛び跳ね逃げ出しました。

当たったのか？　よくわかりません。シカまでの距離は二〇メートル程、急いで行くと倒れながらもがいています。大きな角を持ち上げて立ち上がろうとしますが、もうできません。倒れたままもがくシカに猟師が近づくと腰のナイフに手を掛けました。素早くシカの首筋へナイフを差し込むと動脈を切ります。首筋を伝わって赤黒い筋が流れ出しました。口を開け小刻みに動くシカ。大きな角の生えた頭がゆっくりと下がり、緑色をしていた瞳から急速に光りが失われていきます。そしてついに開いた瞳孔は群青色に沈みシカは動かなくなりました。

シカを運ぶ

森の中でシカは息絶えました。しかしこれが猟の終わりではありません。実はここか

（上）それぞれに役割のある猟のメンバー、（下）狙いをつけて銃をかまえる

猟犬は人間の心強いパートナー

らが大仕事の始まりなのです。

八ヶ岳周辺のシカは寒冷地のために他地域のホンシュウジカよりも遥かに体が大きいのが特徴です。九州では五〇キロ程度が普通なのに、ここでは一〇〇キロ近い巨体も珍しくはありません。目の前に倒れているシカも九〇キロは下らないでしょう。これを軽トラまで引き出すのがかなり大変な作業なのです。

無線で猟師仲間を招集すると引き出しが始まりました。シカの首にロープを掛けて引っ張りますが藪の中で倒木や根っこを越えながら進むのは容易なことではないのです。小さな沢を越えたり斜面を登ったりと力仕事に慣れた男たちが悪戦苦闘して大汗をかきながらシカを運ぶのです。雨でぬかるんだドロドロの畑の横を進み、やっとの思いで軽トラへと辿り着きました。

三人掛かりで大物を荷台に引き上げるとひと休み。全員泥だらけの汗まみれ、山から仕留めた獲物を引き出すのは大変な重労働なのです。地域差はありますが猟師の平均年齢は七十歳くらいです。五十代、六十代はまだ若手で何とかこの重労働の引き出しができますが、さすがに七十代、八十代となるとかなり厳しい。それが山へシカを捨ててく

仕留めたシカを運ぶのも重労働

る要因のひとつともなっているのです。引き出しのためのボランティア募集を考えている地域もあるくらい深刻な問題です。

へとへとになって一服したあと、軽トラにシカを乗せて村へ戻ります。猟師仲間の家にシカを運び込むと今度は解体の準備が始まるのです。

まずは泥まみれのシカの体を水洗いして綺麗にしなければなりません。ドロドロの山の中を散々引きずられて来たシカの体はかなり汚れているのです。

この洗浄作業は地区によっては冷たい沢水にしばらく浸けて行う場合もあります。熱を持ったままだと肉が傷みやすいので、なるべく早く冷やす意図もあります。しかし近くに適当な沢がなかったり、また沢に浸けることで逆に体が汚れるからしないという猟師もいます。その場合は水道水や井戸水を使います。

シカを解体する

洗浄が済むと腹を割いて内臓を取り出します。これはシカでもイノシシでもタヌキでもカモでも同じで、まずはなるべく早く内臓を抜かねばなりません。理由は先述した通

手早くシカを解体していく

り、動物が死ぬと内臓から傷み始めるからです。特に腸はすぐにガスが発生し始めてぱんぱんに膨れあがります。内臓を早く抜かないと肉にガスの臭いが付いたり悪影響が生じるのです。

迅速な処理は肉と内臓を美味しく食べるためには欠かせません。この処理は臓器だけではなく食道から肛門までのひとつながりをすべて除去します。こうしてシカの内部には何もなくなり、ぽっかりと空いた腹腔（ふくこう）からは寒気に湯気が上がるのです。これは先程までシカが山を走り回っていた生きた証（あかし）でもあります。

内臓を抜いたら次は腹腔を綺麗に洗い流します。肉の臭みの原因は基本的に血なので丁寧に洗浄しなければなりません。それが済むと全身の皮を慎重に剝ぎます。皮剝ぎはかなり時間のかかる細かい作業でなかなか大変。しかし皮さえ剝げば解体は半分以上終わったも同然なのです。

つるんと剝（む）けたシカは大きな作業台に転がされて今度は四肢を外されていきます。後ろ足のモモは非常に大きな筋肉の塊ですが、前足のカタ部分も意外と肉がしっかりと付いています。

一見するとひとつの塊のようなこれらの肉も、実は複数の筋肉が複雑に組み合わさって構成されているのです。それぞれが薄い筋膜に包まれ、その端は腱や筋で関節につながっています。柔らかそうに感じる薄い筋膜ですが、実際にはかなり強く弾力があります。筋肉をぎゅっとホールドする感じですね。このように解体は体の構造がよくわかり、まるで解剖実習をしている気がします。

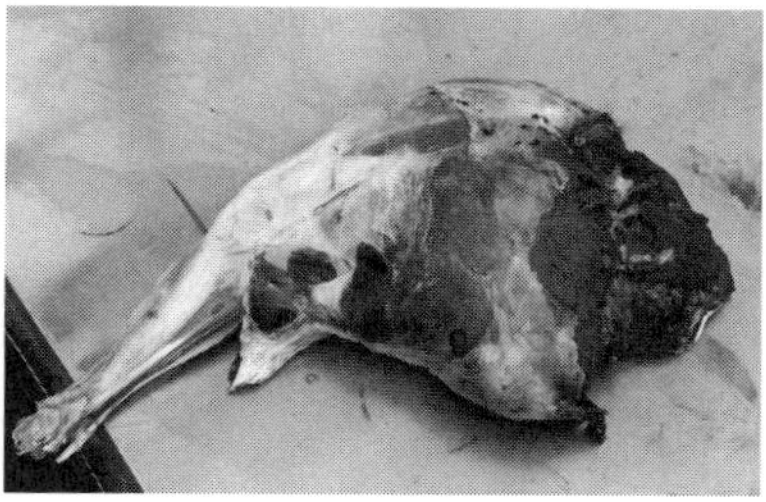

シカのモモ肉

肉とは筋肉のこと、筋肉とは体を動かす部分です。つまり動かない部分に当然筋肉はなく、運動量の多いところほど多くの筋肉があるのです。四足歩行をする動物は四肢に多くの筋肉が付いています。さらに前後の足をつなぐブリッジの役目をする背骨に沿って大きな筋肉が付いているのも特徴です。これは俗に背ロースと呼ばれる部位で背骨を囲むように四本の太い棒状をしています。前脚（カタ）後ろ脚（モモ）そしてロースが代表的な肉の部位となります。そのほかにも首周りに付くネック、肋骨を包むバラ、すね部分のスネ、頭周りはカシラ、そのほか端肉と分けていくのです。

川上村の場合は捕獲頭数も多いのでカタとモモとロース程度しか人間は食べません。それ以外は全て猟犬へのご褒美となります。しかし滅多にシカが捕れない地域ではスネや首周り、頭に付いた肉も丁寧に外して食材にしています。

シカを食べる

解体のため作業台で部位ごとのブロックにされたシカ肉は猟の参加者に均等に分けられます。マタギの世界でも同様にクマ肉を勢子も含めた仲間に分配しますが、そのやり方を「マタギ勘定」といいます。これは極地の狩猟民イヌイットにも見られる独特のやり方なのです。

集団猟はみんなが力を合わせて獲物を追う行為です。そこに参加する人は各々役割が違っても同等とみなされるのが普通なのです。最初に獲物を見つけたから、銃で獲物を仕留めたからといってその人を優遇することはありません。一日中林の中で立っていただけの人も役割は同じとみなされるのが狩猟の世界なのです。当日都合が悪くて参加できなかった仲間にも同量の肉を持って行きます。こうして集団を維持するのが狩猟民独特の知恵なのだと思います。

ではいよいよシカ肉料理を作ってもらうことにしましょう。俎の上には先程分けたキロ単位の肉の塊があります。それを各料理用に分けて切っていきます。

料理といっても煮物や焼き物のような簡単なメニューが中心です。この場合宴会用の料理なので素早く簡単に美味しいシカ肉料理を作ることがもっとも重要なのです。

手際よく煮込まれそして焼かれて美味しい料理ができました。猟師たちがわいわい言いながら酒を酌み交わし、今日の猟の反省や明日への期待を高めていくための大切な肴なのです。

シカスペアリブの煮込みを齧りながら、バラ焼き肉を口に放り込みながら、背ロースのタタキに舌鼓を打ちながら楽しく過ごします。この宴会こそが山里の大切な結束材料なのです。

猟師はただ単にシカを撃ち殺して遊んでいるわけではありません。自分たちの畑を荒らすシカを減らすことは生活を守るためであり、こうしてシカを美味しく食べる行為は

猟のあとの宴会は仲間の結束を高める重要なイベント

仲間同士の絆を確かめるためなのです。畑を荒らすシカを農家自らが捕獲し、それを食べることで集落を維持し、そして住民とのつながりを深める。実に意味深い狩猟の現場だといえるでしょう。

シカ肉には旬があります。大体六月の梅雨時期から九月半ばに掛けてで、この時期が繁殖期になります。メスを求めてオスは山を駆け巡り恋敵と争います。体に一番精を付けて活動する時期なので脂が乗って味が良くなるのです。

しかし、以前この時期は猟期ではなかったのでシカ肉が食べられることはほとんどありませんでした。今はシカによる農作物や林業被害が急増している関係で、この旬の時期も駆除というかたちでシカを捕獲することが可能となりました。農作物に被害を与えるシカの存在は厄介ですがたまにこうして小さな楽しみを得ることはできるのです。

この川上村でも一九九〇年代まではシカの姿はみあたらなかったそうです。地区の猟師はわざわざシカ撃ちに伊豆半島方面まで遠征に出掛けていたというのです。これと同じ話は各地で聞きました。昔は滅多に捕れない獣の肉が貴重で嬉しい恵みだったそうです。それがいつの間にか田畑を荒らす厄介者になってしまった。一体何が原因なのでしょうか？

4　狩猟の現場　イノシシ編

国内の狩猟対象獣としてシカと対をなすのがイノシシです。猪突猛進(ちょとつもうしん)で有名なあのイノシシをどうやって捕獲するのか？　次は罠猟の現場を見てみたいと思います。

先にも触れましたが、罠猟で用いる罠には括り罠と箱罠の二種類があります。林の土中に埋め込んだ仕掛けを踏み込むと輪がしまって足を括り、その場で動けなくするのが括り罠、餌を入れた鉄製の檻(おり)の中へおびき寄せ、獲物が入るとがたんと入り口が閉まって出られなくなるのが箱罠です。

どちらも獲物自らが仕掛けを作動させることで動けなくなってしまうのが特徴です。

これは先にお伝えした銃猟が積極的に獲物を追う動的行為であるのとは違い、掛かるのをじっと待つ静的行為といえるでしょう。

とはいえ罠で獲物を捕るには様々な戦略が欠かせません。獲物は広い山の中のどこを歩くのか？　警戒心を解いて中へ入らせるにはどのように餌をまけば良いのか？　銃猟とはまた違う駆け引きが必要となるのです。

イノシシとの戦い

イノシシによる農作物の被害が急増し、各地で有害駆除が試みられています。農家に補助金を出して罠免許を取得させ、罠も補助金で購入させる場合が多いようです。しかし、仕掛けた罠の数の割にはあまり成果が上がっていません。

現場をよく調べて見ると、ただ単に箱罠を置いてあるだけといったケースがほとんどでした。畑にイノシシが出てくるからその横に箱罠を置けば入るだろうという安直な考えのようですが、そんなに現実は甘くはありません。それではウサギが転んで木の根っこにぶつかり勝手に死ぬのを待つようなものなのです。

イノシシは嗅覚が鋭く非常に用心深い性格です。ただ中に餌があるからと簡単に箱罠に入るような動物ではありません。偶然捕れるということなど、まずないのです。人間が本気で知恵と根気と意欲を持って臨まないと絶対に捕れないのが罠猟なのです。

愛知県の岡崎市の山には多くのイノシシが出没しています。そこで日々イノシシと知恵比べをしている猟師からある日、箱罠に猪が掛かっていると連絡を受けました。急いで現場へ駆けつけると農家の裏山に設置された箱罠に二頭のイノシシが掛かっていました。さてこれからどうするのか？　罠に掛かった獲物はまだ生きています。

箱罠でも括り罠でも捕れた場合、生きた獲物と猟師は対峙しなければなりません。離れた場所にいる獲物を銃で撃つのとは違い、わずか数十センチの距離で獲物と向き合ってその命を絶つ必要があるのです。これはかなりの危険がともなう行為で、実際に括り罠から外れたイノシシに襲われる場合もあり一瞬たりとも気が抜けません。

猟師が銃を所持していたり、または知人が所持する場合は頼んで撃ってもらうこともありますがそれも簡単ではないのです。銃は発砲できる時間と場所が決まっているからです。いつでもどこでも撃ち殺すことはできません。ではどうするのか？　多くの現場で罠猟師は槍状の刃物などを使い獲物に近づき息の根を止めているのです。

岡崎市山中、箱罠の中を覗くとイノシシはぐるぐるとせわしなく動き回っています。それでも猟師と目が合うと、じりじりとあとずさりしていきなり弾けるように跳び掛かってきます。これが凄い勢いなのです。その都度、鉄製の箱罠が大きく弾みます。これが一〇〇キロ級のオスで少し柔な箱罠だと壊れる場合もあるから怖い。

〝ガシャン、ガシャン〟

必死で激突するイノシシの顔からは血が流れ出します。徹底的に戦い、最後まで生きるために諦めない姿勢を激しく示すのがイノシシという動物なのです。この激しい生き物をどうやって大人しくさせるのか?

限られた空間とはいえイノシシは動き回っているのでまずはそれを止める必要があります。そこで猟師が持って来たのはロープ。先に輪を作り、檻の中に投げ込むとイノシシの動きを目で追います。イノシシの足が輪の中に入ったら一気に引っ張って足を固定しようという作戦なのです。しかし、これが簡単にはいかない。思ったようにイノシシが動いてくれないからです。何度も何度も失敗しながらその都度輪を作り直しては箱罠

必死に抵抗する２頭のイノシシ

へと放り込む地味なアクションが続きます。そしてついに一頭の前足に上手く輪が掛かりました。ロープをぐいっと引き上げるとイノシシがまるで挙手をするような格好になりました。

前足を固定されたイノシシは動くことができません。猟師がその胸元目がけて刃物を数回突き刺すと、イノシシの抵抗は終わりました。このとき不思議なことが起きました。逃げ回っていた残りの一頭が、動かなくなったイノシシにぴったりとくっついてきたのです。大きさからして兄弟ではないでしょうか。まるで死を悼むかのような行為にしばし佇(たたず)みました。

実はこれと同じような光景を滋賀県の山の中でも見たことがあります。そのとき箱罠に掛かったのは二頭のシカでした。一頭が仕留められると瀕死だった残りの一頭もその上に重なるようにして息を引き取ったのです。そのシカは親子のようでした。身内に対する愛情がなせる技なのか、それとも単なる偶然なのかはよくわかりません。

箱罠から二頭のイノシシを出すと全身は泥と血でぐしゃぐしゃに汚れています。それを解体する小屋まで運ぶために引き出します。この場合、銃猟で山の中から引き出すよりは遥かに楽です。箱罠の設置は軽トラが近くまで入れる場所でなければなりません。僅か数十メートル引き出せば、後は軽トラに乗せて運ぶだけ。これなら七十代の人にも難しい作業ではないでしょう。

イノシシを解体する

軽トラに積んだイノシシを猟師の解体小屋まで運びます。銃猟の場合、山の中で腹を割き沢水に一時間以上浸けて体を冷やす場合が多いのですが、この辺りには適当な沢がありません。ですからすべての作業を小屋で行う必要があるのです。

まずは汚れたイノシシの体を流水で洗い流します。毛のあいだには泥汚れがこびりつ

イノシシの皮を剝いでいく

いているので洗車用のブラシを使います。汚れが落ちて白い腹が見えるとそこには何やら丸い物が付着しています。ダニです。山の中には実に厄介な吸血性の生き物が多くいます。山登りでいつの間にか皮膚に吸い付いて、ぱんぱんにふくらんでいるヤマビルはその最たるものですが、このダニも負けず劣らず厄介です。

野生動物にダニや寄生虫がいるのは当たり前でそれが自然というものですが、やはり人間には非常に不快。いや不快というだけで済めば良いのですが、場合によっては死にいたる病原菌を媒介するので注意をしなければなりません。

全体の洗浄が済むと、次は腹を割いて内臓を取り出します。この時点でイノシシが動かなく

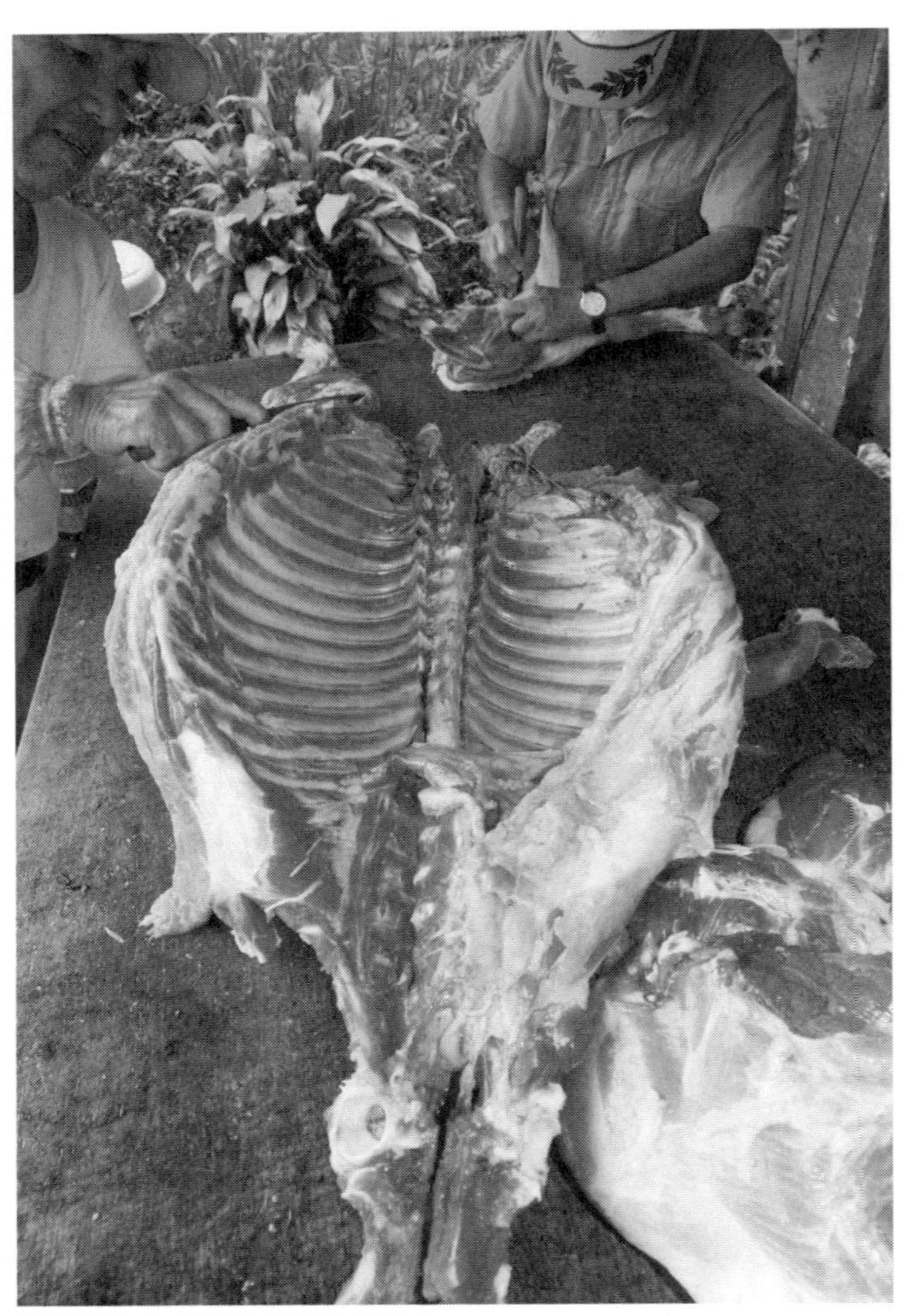

無駄なくイノシシを解体していく

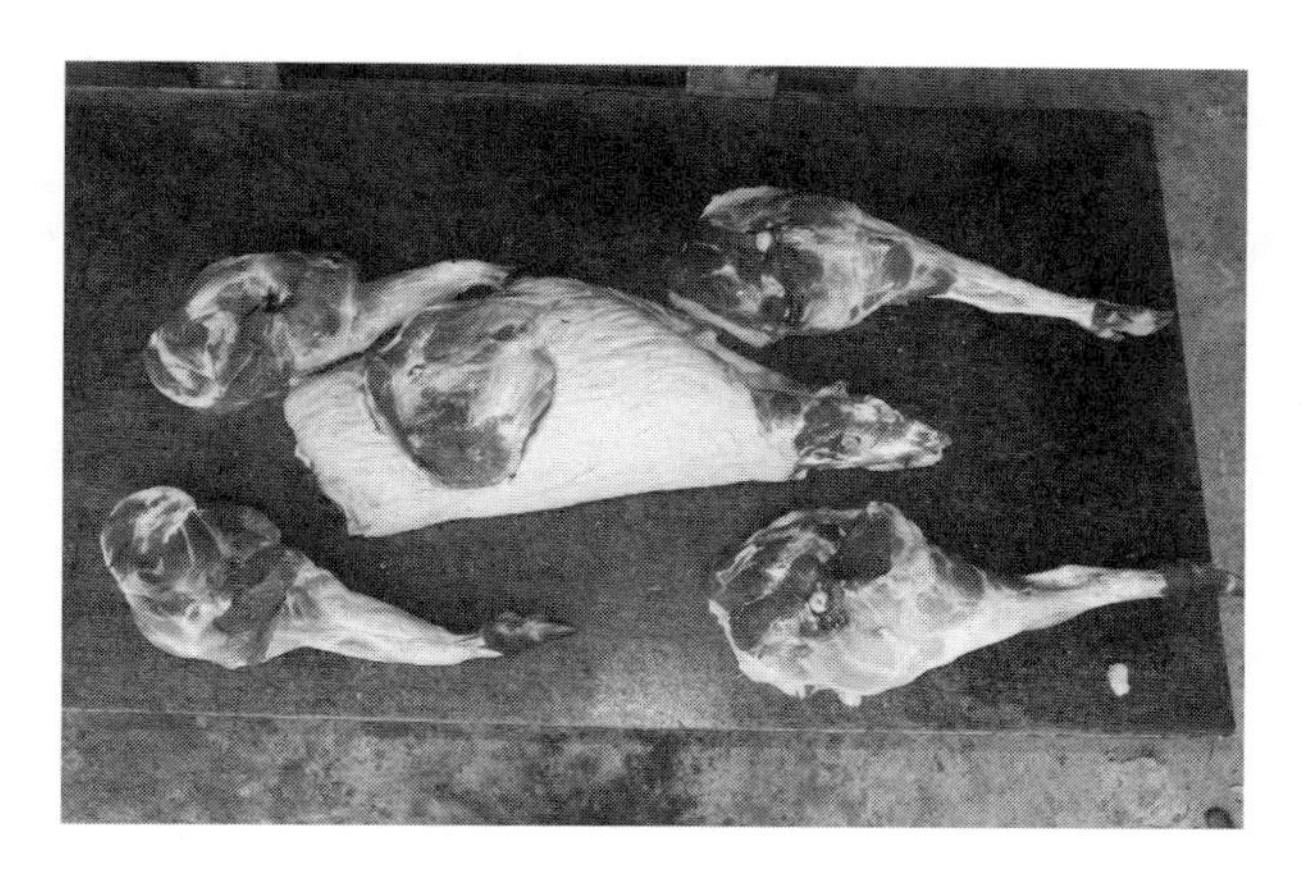

切り分けられたイノシシの各部位

なってから小一時間が経過しています。すでに腸はガスが発生して膨らんでいます。このように動物は死ぬと、すぐに内臓から変化が起きるのです。

内臓を抜いたら皮を剝いでいきます。この皮剝ぎに関しては本州と九州、沖縄地方ではやり方がまったく異なります。本州では刃物を使い皮を丁寧に剝がしますが九州、沖縄地方ではバーナーで毛を焼いてこそぎ落とすのが普通です。このやり方の差はどこから来るのでしょうか？

本州の皮剝ぎではイノシシの皮は毛と一緒になっていてそのまま捨ててしまいます。それに対して九州、沖縄のやり方では毛のみを排除して皮は肉に付けたままです。つまりイノシシの皮を食べるか食べないかで処置の方法に違いが生じたわけです。

この皮を食べる文化は中国にもあります。ブタやアヒルの皮を食べる料理は有名ですね。九州、沖縄の猟師たちは皮を捨てる本州流をもったいないといい、本州の猟師たちは皮を食べるのかと驚きます。同じイノシシの食べ方でも地域によってかなり差があるのです。

イノシシはシカに比べると血の気の少ない動物です。その分食べやすいですし、また冬場の脂が乗った個体は非常に味がよいので古くから人気の野生肉です。特に丹波篠山のイノシシ肉は昔からブランド肉として関西では有名な存在でした。

イノシシを食べる

イノシシの解体はシカと基本的に同じやり方です。内臓を抜き、皮を剝ぎ、四肢を外し、背骨から肋を外してほぼ完了となります。各部位ごとに切り分けたブロック肉は食べ方に応じてさらに手を加えます。例えばロースは一口大に切ってロースカツ用に、モモ肉は薄切りにしてイノシシ料理の定番ボタン鍋用にするのです。

イノシシは基本的にブタと同じ料理ができるわけですから炒め物や煮物、チャーシュー、また変わったところでは猪骨で出汁を取った豚骨ラーメンならぬ猪骨ラーメンも作ることができます。ボタン鍋は関西では冬の風物詩となっています。

西表島ではイノシシのことをカマイと呼びます。これはリュウキュウイノシシのことで本土のイノシシよりもかなり小振りです。本土のイノシシが大きな個体では一〇〇キロ程度まで成長するのに対してカマイは三〇キロと三分の一程しかありません。しかし、沖縄本島や石垣島のカマイは交雑が進んで巨大な個体になっているそうです。

西表島のカマイ猟はジャングルに仕掛けた独特の括り罠で捕ります。この仕組みは台湾から入って来たやり方で、ジャングルの木をぐいと曲げてバネにします。その先のワイヤーロープには足を絞めるための輪っかがあります。

こうして捕獲したカマイを生きたまま集落へ持ち帰り解体処理するのです。解体する直前まで生きているわけですから鮮度は抜群、内臓もピカピカの状態でこれをチャンプルー（沖縄独特の炒め物）にして食べます。

イノシシは美味しい肉として猟師は喜んで捕りますが、中には臭くてとても食べられない肉もあります。それは真冬の一時期のオスの肉です。一月末から二月に掛けてイノシシは繁殖期を迎えます。この時期オスはひたすらメスを求めて山中をさまよいますが、そのときかなりオス臭いにおいを発散させるのです。これは肉そのものにも移り非常に臭い個体となってしまいます。

大きなオスはただでさえ肉質が固いうえにどうしようもなく臭いとなるとほとんど食用には向きません。それでも捌いて無理やり料理用で出す民宿もたまにあるのです。実

カマイを背負って運ぶ

際にそのような粗悪なイノシシの焼肉を食べたことがありますが酷いものでした。このように素人相手に質の悪い肉を出す店は少なからずあり、それがイノシシ肉は固くて臭くて不味くておまけに値段は高いという悪評を生んでしまったのです。

メスやウリ坊といわれる子供のイノシシは癖が無く、いつ食べても不味いことはありません。ただし猟師の腕が悪く解体処理や肉の管理不行き届きで質が悪くなる場合はあります。オスやメス、年齢、季節そして猟師の技術などの要因で肉の味が決まってしまう、これはスーパーで売られている畜産肉にはあり得ないのです。

肉質を左右する最も大きな要因は食べ物です。山の頂上付近でブナの実ばかり沢山食べたイノシシは最高級に美味しいといわれます。これはツキノワグマと同じですね。またドングリをメインに食べれば今でいうところのイベリコイノシシでこれまた美味しい。一番味が落ちるのはゴミを漁(あさ)ったり小動物や昆虫ばかり食べた個体ではないでしょうか。ブナをたっぷり食べたイノシシとは肉質に雲泥の差が現れるのです。

【コラム】　肉の美味さとは？

　食品を食べて美味しいと感じる要因に挙げられるのがうま味成分です。イノシン酸やグルタミン酸などのアミノ酸類がうま味成分といわれ、これを抽出して料理用に使うのがうま味調味料という商品です。肉にもうま味成分は含まれていますが、その量は一〇〇グラムあたりに換算すると、昆布や煮干しなどいわゆる出汁を取る食品に比べてわずかしか含まれていません。しかし肉を三〇〇グラム食べる人はいても、昆布を三〇〇グラム食べる人はいませんから相対的な量としては十分なうま味成分を肉で得ているわけです。

　動物は死ぬと筋肉が固くなります。これを死後硬直といい、もちろん人間も死ねば同じ状態になります。この死後硬直は周囲の気温などの条件で若干変わりますが、大体死後三時間程度で現れ、各筋肉が徐々に硬化していきます。しかし一日以上すぎると今度は少しずつほぐれ始め、九十時間程度で完全に柔らかくなるのです。

　これは決して元の肉体に戻ったのではなく、筋肉そのものが死によって変化を遂げた結果なのです。この変化は肉自体のうま味成分を増やす効果があります。この性質を利用して低温状態で肉をしばらく寝かせてうま味を増やす行為を熟成といいます。熟成作業は特に牛肉で入念に行われ、長いと一月間にも及びます。これに対して羊肉は新鮮なままの非熟成で食べます。

魚類でもイワシやサバは生き腐れといわれるほどで新鮮で、とれたてこそが最高に美味しいのですが、タイやマグロは若干日を置いた方が美味さは増すのです。このように同じ肉といっても特長があり食べ方にも個性が表れます。

食物を口に入れて美味しいと感じるには周辺条件によるところがかなり大きいのではないでしょうか。家族で楽しく食卓を囲むのと、ひとりで黙々と口に運ぶ食事、照明や店の作り、そしてサービスも味に影響を与えます。もちろん料理そのものの味付けは最も重要ですが、それも個人のアイデンティティーを上回るとは言い難い。例えば、白みそ圏の人には八丁味噌(みそ)の重さは受け入れ難く、関西の半透明なうどん出汁に慣れた人は関東の真っ黒なうどん出汁は不気味に感じるものなのです。結局、美味いか不味いかは地域差や個人差が極めて大きいのではないでしょうか。

現代はコンビニをはじめ外食産業の発達で、全国どこでも完全に同じ味を享受できる世の中になりました。礼文島の子供と西表島の子供が同じ食品を食べるなど、以前ならば考えることもできなかったのです。これについては便利になったのかそうでないのか意見が分かれるところでしょう。

　個性を重視すると最近は盛んにいわれますが、本来個性とは生まれたときからの様々な環境の違いで生じるのではないでしょうか。自然環境が各地で大きく異なる日本は狭いながら個性的な集団が集う国家だといえます。ところが近年は同じメディアで限られた情報を誰もが受け入れ、全国どこでも同じ味の食品を口にする。これは便利なのかもしれませんが個性を減じる行為につながらないか心配な面もあるのです。

　野生動物は住む地域や季節の差によって食べる物が異なり自ずと個体差が生じます。その結果、肉も非常に個性的で美味いものと不味いものの振れ幅が極端に大きくなります。その差を縮めるために動物を飼い慣らし様々な技術で速く太らせて商品にしたのがウシ、ブタ、ニワトリなどの肉なのです。野生動物の肉には自然の営みそのものが、そして畜産肉には人間が美味い肉を食べたいという飽くなき欲求が凝縮されているのです。

おわりに　肉食の未来

日本ではこの半世紀のあいだに肉の消費量が十倍に増えました。このような傾向は世界各地、とりわけ経済発展が盛んなところほど顕著に表れています。さらに冷凍・冷蔵の技術進化にともない肉は世界中を巡る商品になりました。大量の商品を巨大な冷凍庫にストックし市場の動向を見ながら販売する戦略で肉も投機の対象となるのです。

近年著しい経済発展を遂げた中国では肉の消費量が格段に増えています。その結果、最大の生産国であるアメリカからの買い付けが急増しています。桁違いの消費量、さらに大量のマネーを投入して、常連客だった日本が競り負ける事態がすでに発生しているのです。これは輸入商社にとって驚くべき出来事でした。いつでも買えると思っていたアメリカ牛が手に入りにくくなったのです。

肉の価値が高くなると今度は餌になる穀物価格も上がり始めました。アメリカの巨大農家はＩＴ情報を駆使して各国の商社やバイヤーと渡り合い巨額の収入を得ています。

また肉食増加の流れに乗って南米でも牧場経営が盛んになりつつあります。豊かな森を焼き払って切り開き、大規模な牧場がどんどん作られています。肉を食べるために多くの生き物が住まう森をなくす、残念ながらこのような環境破壊が顧みられることはあまりないのです。

こうしてさらに肉の需要が高まり、その結果〝穀物価格が高くなる→当然牛肉価格も上がる→中国との輸入競争も激化〟という構図が日本では固定化されていくのです。日本の畜産業にとって輸入牛の価格上昇は追い風のようにも感じます。しかし実際にはほとんどの飼料をアメリカからの輸入で賄っているわけですから飼料代の値上がりの影響は受けてしまうのです。国産牛といってもその体を作っているのはアメリカ産の餌なので仕方ありません。

世界的に肉の消費量は急増していますが、それに対応することは簡単ではないのです。いつでもどこでも手軽に肉が食べられる現代の生活はもしかしたら長くは続かないかもしれません。

では純粋国産であるシカやイノシシなどの野生獣の肉はどうでしょうか？　生息頭数

は確実に急増しています。しかし山間部に分け入り危険のともなう狩猟を行う肝心の猟師の数は激減しているのです。獲物は増えても捕る人がいない。この深刻な状況を打破するため各自治体では税金を使って猟師を増やす試みに力を入れています。しかし地域の住民がお年寄りばかりでは元気な若い猟師が増える可能性が低いのです。

　また苦労して捕獲した獣も肉として販売するためには様々な資格や施設が必要となります。そのために財政規模の小さな自治体が容易に踏み込めないのも現実なのです。その結果捕獲しても山に捨てる（これ自体も廃棄物処理法違反）場合が非常に多く命を粗末にしているといわざるを得ません。結局現時点では純国産である獣肉も安定供給される状態ではないのです。

　輸入国産問わず美味しく安全な肉を食べることができる今の食生活は長い歴史からすれば奇跡的な出来事ともいえるでしょう。ハンバーガーやフライドチキン、牛丼に焼き肉、ステーキ、身近にある肉を噛（か）みしめながらその元となった動物たちのことを少し考えてください。彼らは私たちと同じ存在、生き物なのです。

ちくまプリマー新書

ちくまプリマー新書289

ニッポンの肉食　マタギから食肉処理施設まで

二〇一七年十二月十日　初版第一刷発行

著者　田中康弘（たなか・やすひろ）

装幀　クラフト・エヴィング商會

発行者　山野浩一

発行所　株式会社筑摩書房
東京都台東区蔵前二－五－三　〒一一一－八七五五
振替〇〇一六〇－八－四一二三

印刷・製本　株式会社精興社

ISBN978-4-480-68993-1 C0261　Printed in Japan

乱丁・落丁本の場合は、左記宛にご送付ください。
送料小社負担でお取り替えいたします。
ご注文・お問い合わせも左記へお願いします。
〒三三一－八五〇七　さいたま市北区櫛引町二－六〇四
筑摩書房サービスセンター　電話〇四八－六五一－〇〇五三